"美丽中国"视野下的
景中村微改造规划设计

2019 城乡规划、建筑学与风景园林专业四校乡村联合毕业设计

华中科技大学建筑与城市规划学院
昆明理工大学建筑与城市规划学院
西安建筑科技大学建筑学院
青岛理工大学建筑与城乡规划学院

联合编著

中国建筑工业出版社

图书在版编目（CIP）数据

"美丽中国"视野下的景中村微改造规划设计：2019城乡规划、建筑学与风景园林专业四校乡村联合毕业设计/华中科技大学建筑与城市规划学院等联合编著 . —北京：中国建筑工业出版社，2019.8

ISBN 978-7-112-24092-0

Ⅰ.①美…　Ⅱ.①华…　Ⅲ.①建筑设计–作品集–中国–现代　Ⅳ.①TU206

中国版本图书馆CIP数据核字（2019）第174253号

责任编辑：杨　虹　周　觅
责任校对：姜小莲　王　瑞

"美丽中国"视野下的景中村微改造规划设计
2019城乡规划、建筑学与风景园林专业四校乡村联合毕业设计
华中科技大学建筑与城市规划学院
昆明理工大学建筑与城市规划学院　联合编著
西安建筑科技大学建筑学院
青岛理工大学建筑与城乡规划学院
*
中国建筑工业出版社出版、发行（北京海淀三里河路9号）
各地新华书店、建筑书店经销
北京雅盈中佳图文设计公司制版
北京富诚彩色印刷有限公司印刷
*
开本：880×1230毫米　1/16　印张：10　字数：245千字
2019年8月第一版　2019年8月第一次印刷
定价：**98.00**元
ISBN 978-7-112-24092-0
（34591）

参与院校
Participating University

华中科技大学建筑与城市规划学院
Huazhong University of Science and Technology   School of Architecture and Urban Planning Hust

昆明理工大学建筑与城市规划学院
Kunming University of Science and Technology   Faculty of Architecture and City Planning

西安建筑科技大学建筑学院
Xi'an University of Architecture and Technology   College of Architecture

青岛理工大学建筑与城乡规划学院
Qingdao University of Technology   College of Architecture and Urban Planning

目录

CONTENTS

序言 Preface

2012 年 11 月 8 日，在党的十八大报告中"美丽中国"首次作为执政理念出现。2017 年 10 月 18 日，习近平同志在十九大报告中指出，加快生态文明体制改革，建设美丽中国。十九大报告提出实施乡村振兴战略，要"建立健全城乡融合发展体制机制和政策体系，加快推进农业农村现代化"。乡村振兴是我国发展的重要基石，在中国特色社会主义新时代，乡村作为一个可以大有作为的广阔天地，迎来了难得的发展机遇。

从国家战略需求下的"美丽中国"及"乡村振兴"发展建设来讲，乡村发展及乡村规划已成为近年来人居环境学科研究与实践的热点领域。全国四校乡村联合毕业设计已经开展五年，五年来，我们四校乡村联盟结合地缘优势，展开了不同地域、不同发展类型下的乡村实践与探索。从荆楚大地走到洱海之畔，从关中平原走到黄海之滨，我们每年都在教学研究与教学实践中探讨乡村规划的价值取向与乡村振兴的路径策略。

今年再次来到武汉，乡村毕业设计开始了新的轮回，今年的毕业设计以《"美丽中国"视野下的景中村微改造规划设计》为题在武汉东湖风景区桥梁社区展开实践探索，具有一定的难度及挑战。要求规划设计既要顶天又要立地，既要考虑城市与景区发展的需求，也要考虑世代生活在此的村民的诉求。需要从多元的视角，为景中村——桥梁社区的发展与规划找到答案。

无论是从国家战略需求下的乡村振兴战略来讲，还是从国家国土空间规划改革背景下的乡村规划编制的创新探索来讲，本次四校联合毕业设计的成果都是一次新形势下的探索与尝试。一方面重在研究新时期乡村规划设计的新思路及新方法，另一方面旨在探索"景中村"这一特定类型乡村发展的新模式及新路径。

黄亚平

华中科技大学建筑与城市规划学院

院长 博士生导师 教授

2019 年 7 月

毕业设计作为城乡规划专业本科最为重要的实践教学环节,是教学创新的重要阵地,为了让学生在走向岗位前得到更加综合全面的锻炼,我们进行了四校联合毕业设计的尝试和创新,由华中科技大学、昆明理工大学、西安建筑科技大学、青岛理工大学四校组合的联合毕业设计(以下简称四校联合毕业设计)联盟自 2015 年开始,已经开展五年。五年来,我们四校联合毕业设计结合地缘优势,围绕乡村规划这一主题开展长期性的联合教学、研究和实践,展开了不同地域、不同发展类型下的乡村实践与探索。

从荆楚大地走到洱海之畔,从关中平原走到黄海之滨,今年我们又回到了起点——武汉,并以《"美丽中国"视野下的景中村微改造规划设计》为题在武汉东湖风景区桥梁社区展开实践,以求探索"景中村"这一特定类型乡村振兴路径与规划设计。

"景中村"为地处各类风景区范围内的乡村(村庄),具有"景"与"村"的双重属性,既是风景名胜区的重要组成部分,也是乡村的一种特殊存在形式。正是其特殊的区位及属性特征,决定了景中村社会经济发展和空间环境建设的局限性与独特性,这值得我们深入研究和实践探索。本次毕业设计基于"美丽中国"的战略背景,将围绕"景中村"的社会经济发展和物质空间环境微改造展开规划研究与设计。

与过去四年一样,今年的四校联合毕业设计共设有开题及现场调研、中期交流、联合答辩等三个集中的教学环节,以达到教学交流和教学过程控制的目的。此外结合每次集中教学环节均组织多场主题性学术报告,尝试将实践教学与学术交流进行有机结合,以活跃教学氛围和提升教学质量,培养学生研究性设计的意识。

2019 四校联合毕业设计教学进程安排表

时间 / 地点	教学时长	教学内容	组织单位
2019 年 2 月 21 日—2 月 25 日 武汉	5 天	乡村规划学术周: 第 1 天:联合毕业设计启动仪式、选题介绍 第 2—4 天:现场调研、整理 第 5 天:现场调研情况汇报交流、期间组织多场乡村规划专题学术讲座	华中科技大学
2019 年 4 月 17 日—4 月 19 日 武汉	3 天	乡村专题学术报告、中期成果检查、补充调研	华中科技大学
2019 年 6 月 5 日—6 月 9 日 昆明,腾冲	5 天	联合毕业答辩、毕业设计总结会 期间在各校举办联合毕业设计展、2020 乡村规划选址调研	昆明理工大学
后续工作	—	毕业成果整理、出版	华中科技大学

2019 四校联合毕业设计学术报告一览表

序号	报告题目	报告人	单位与职务
1	乡村振兴与土地制度改革	贺雪峰	武汉大学教授
2	暴改？适度介入	谭刚毅	华中科技大学教授，副院长
3	大李文创村改造纪实	胡 哲	华中科技大学讲师
4	乡村运营 王上实践	段德罡	西安建筑科技大学教授，副院长
5	乡村价值及其影响下的两种发展形态——来自两个实践案例的报告	杨 毅	昆明理工大学教授，副院长
6	美丽乡村规划中的美学问题思考	刘一光	青岛理工大学教授，规划系主任
7	新乡村崛起：四位一体美丽乡村建设的湖北创新实践	王伟华	湖北省村镇建设协会理事长 西厢房乡建联合机构董事长

2019 年 6 月 5 日本次四校联合毕业设计于昆明理工大学完成了联合终期答辩，历时三个半月的联合毕业设计教学工作就此告一段落。在对本次毕业设计成果进行梳理的过程中，发现很多的闪光点值得我们去总结与思考，特此成书，将本次毕业设计成果和课程组对乡村规划设计教学的些许感悟记录行文，与同仁共享，予方家指教，希冀为乡村规划教学、研究与实践有所贡献。

"美丽中国"视野下的景中村微改造规划设计
2019 城乡规划、建筑学与风景园林专业四校乡村联合毕业设计

教 学 任 务 书

一、联合院校

华中科技大学、昆明理工大学、西安建筑科技大学、青岛理工大学

二、释题

1. "美丽中国"战略背景及要求

2012 年 11 月 8 日，在十八大报告中首次作为执政理念出现。"美丽中国"是中国共产党第十八次全国代表大会提出的概念，强调把生态文明建设放在突出地位，融入经济建设、政治建设、文化建设、社会建设各方面和全过程。2015 年 10 月召开的十八届五中全会上，"美丽中国"被纳入"十三五"规划，首次被纳入五年计划。

2017 年 10 月 18 日，习近平同志在十九大报告中指出，加快生态文明体制改革，建设美丽中国。习近平说，人与自然是生命共同体，人类必须尊重自然、顺应自然、保护自然。并提出建设美丽中国一是要推进绿色发展，二是要着力解决突出环境问题，三是要加大生态系统保护力度，四是要改革生态环境监管体制。

2. 什么是"景中村"

"景中村"为地处各类风景区范围内的乡村（村庄），具有"景"与"村"的双重属性，既是风景名胜区的重要组成部分，也是乡村的一种特殊存在形式。正是其特殊的区位及属性特征，决定了景中村社会经济发展和空间环境建设的局限性与独特性，这值得我们深入研究和实践探索。本次毕业设计基于"美丽中国"的战略背景，将围绕"景中村"的社会经济发展和物质空间环境微改造展开规划研究与设计。

3. 规划重点

在上位规划、现状调研、充分征求村民意见，以及结合专题研究的基础上，完成村域—村庄的整套村庄发展规划、建设规划以及村庄重要节点空间设计（村域总体规划、村庄建设规划）的成果。研究村庄社会空间特征、村庄在景区中的定性和定位、村庄产业发展规划、村庄发展规模测算、村庄土地利用规划、村庄空间规划设计、村庄基础设施规划、村庄重点空间详细规划设计等内容，以下为建议完成的设计子项。

（1）村域产业策划；（2）空间规划设计；（3）基础设施规划；（4）重要节点设计；（5）场地竖向设计。

三、对象认知

规划基地:

武汉市东湖生态旅游风景区景中村——桥梁社区

湖北省武汉市东湖生态旅游风景区(以下简称东湖风景区)托管范围内包括五街一乡一个开发区的部分用地,共计 9 个社区,19 个村(其中包括 12 个行政村),4 个场,91 个村民小组,居住人口约 3.87 万人,其中农业人口 2.41 万人,主要以"景中村"为依托。

桥梁社区是东湖风景区所辖的一个行政村,紧邻武汉光谷国家自主创新示范区,以及华中科技大学、中国(武汉)地质大学等著名高校,交通便利,地理区位优越(详见附图 1)。桥梁社区共辖 4 个自然村湾:大李村、小李村、东头村、傅家村(详见附图 2),其中大李村已被列为武汉 2019 年第七届世界军人运动会城市改造项目,已完成微改造修建性详细规划和施工图设计。

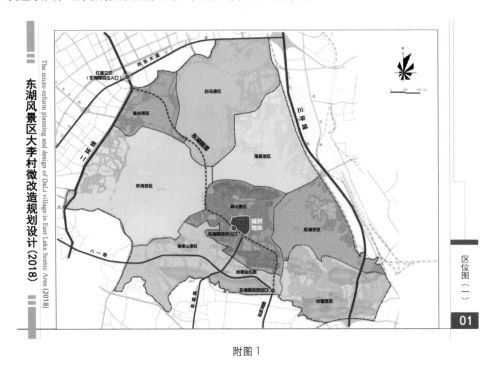

附图 1

四、任务要求

任务要求:研究 + 规划 + 设计

具体任务要求如下:

(1)专题研究:针对景中村的普遍问题和具体村庄的特殊问题,开展相关的专题调查和研究(如村域产业策划、社会空间特征等),完成专题研究报告;

(2)村域规划:结合专题研究,每组均要求完成桥梁社区(行政村)村域乡村规划成果一套;

(3)详细设计:每组选择其中一个村湾(小李村、东头村、傅家村)完成村庄微改造修建性详细规划成果一套(不含工程管线规划和竖向设计),及村庄典型特色空间、建筑及景观的深化设计。

附图 2

五、教学安排

1. 分组要求

（1）共分 3 个大的联合组，分别选择不同的村庄。每组 20 名学生左右，由四校学生联合组成，其中各校学生为 6 名左右（3 个专业学生搭配）。

（2）为了便于组织与管理，每个大的联合组分为 4 个小组，每个小组均来自一个学校。

2. 教学安排

本次联合毕业设计共组织 3 次联合的教学交流活动，包括前期调研、中期检查和联合毕业设计答辩，要求参与同学必须参加（具体详见前言）。

六、联合毕业答辩形式及成果要求

（1）联合毕业答辩以小组为单位进行，可由一人或多人共同答辩；

（2）毕业答辩成果要求

每个村每校提交一份图板文件 4 幅（图幅设定为 A0 图纸，分辨率不低于 300DPI，无边无框），为 PSD、JPG 等格式的电子文件；并提供用于结集出版的 Indd 打包文件夹。

每个村每校还应另行按照统一规格，制作 2 幅竖版展板，提供 PSD、JPG 格式的电子文件，或者 Indd 打包文件夹。该成果将统一打印，以便于展览。

每个村每校提供一份能够展示主要成果内容的 PPT 等演示文件，30 张页面左右。

四校乡村联合毕业设计组委会

2018.12.25

成

果

展

示

Achievement Exhibition

壹 小李村

贰 傅家村

叁 东头村

"美丽中国"视野下的
景中村微改造规划设计

2019 城乡规划、建筑学与风景园林专业四校乡村联合毕业设计

▼

桥梁社区 小李村

华中科技大学 Huazhong University of Science and Technology

参与学生：李莹然　唐子涵　刘　强　何书慧　舒端妮

指导教师：王智勇　任绍斌　洪亮平

教师释题

　　"景中村"为地处各类风景区范围内的乡村（村庄），具有"景"与"村"的双重属性，既是风景名胜区的重要组成部分，也是乡村的一种特殊存在形式。正是其特殊的区位及属性特征，决定了"景中村"社会经济发展和空间环境建设的局限性与独特性，这值得我们深入研究和实践探索。本次毕业设计基于"美丽中国"的战略背景，将围绕"景中村"的社会经济发展和物质空间环境微改造展开规划研究与设计。本次四校联合毕业设计在现状调研、充分征求村民意见以及结合专题研究的基础上，结合当前国家国土空间规划改革的新形势、新要求，重点研究村庄社会空间特征，村庄在景区中的定性和定位、村庄产业发展规划、村庄土地利用规划、村庄空间规划设计、村庄基础设施规划、村庄重点空间详细规划设计等内容，为新时期乡村规划与设计的编制提供新思路、新方法。同时，也注重探索"美丽中国"视野下的"景中村"发展的新路径、新策略，为同类型乡村发展提供借鉴参考。

　　因此，无论是从国家战略需求下的"美丽中国"及"乡村振兴"发展建设来讲，还是从国家国土空间规划改革背景下的乡村规划编制的创新探索来讲，本次四校联合设计的成果都是一次新形势下的探索与尝试。

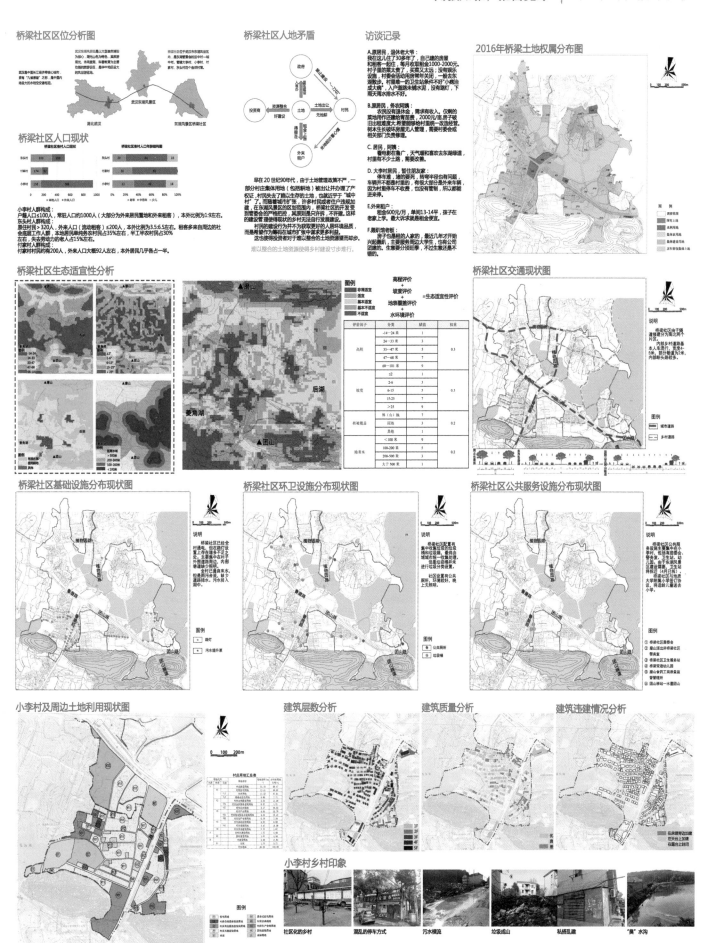

规划定位

上位规划

《武汉市总体规划（2010—2020年）》中提到，主城区重点建设以东湖风景为核心的大东湖旅游区。桥梁社区在武汉市总规中属风景名胜区用地。

《武汉市绿道系统规划》中提到，桥梁社区位于东湖风景名胜区磨山片区，属于东湖绿带规划"一心三带"的"环后湖绿道"，桥梁社区处设有一处东湖绿道一级驿站，承接城市主要客源方向。

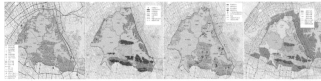

武汉市东湖风景名胜区总体规划（2016—2025）中提到，桥梁社区位于东湖风景区中部，应利用现有风景名胜资源，适当倡导发展以导游、接待、休闲娱乐等为主的旅游服务业务。桥梁社区属于控制型村庄，应保留原有布局和用地，控制发展规模。桥梁社区处于东湖景区二级保护区和三级保护区内。范围内应保存控制各项建设与设施，并与风景名胜区环境相协调。

村庄特点

类型		特征分析
生产方面	人口	· 具有城市和景中村的双重属性，劳动力较一般村庄流失更严重 · 租赁业务多发，人口流动更加频繁
	产业	· 因风景区发展限制，第一、二产业难以为继，第三产业较为发达，经济结构单一
	收入	· 居民收入普遍低于心理预期，全村生活水平差距较大
生活方面	设施建设	· 公服设施落后，就诊及上学都不方便 · 基础设施及建设，道路、排污、卫生等各方面都需加强
	居住环境	· 公共环境及卫生和生活垃圾处理及恶臭，卫生条件较差，环境缺乏整体性与管理
	人文建设	· 社区很少组织各项活动，缺乏人气氛围，村庄缺乏精神上的交流
生态方面	土地利用	· 用地权属多样，土地结构更复杂，牵涉更多社会问题
	生态格局	· 乡村建设侵占山体水体 · 村庄建设与山水环境有机融合 · 乡村内部缺少景观绿化
	环境污染	· 部分风景建筑对生活垃圾未能及时处理，引发环境污染 · 生活污水直接排放，导致水体污染

由于桥梁社区（小李村）具有城市和景中村的双重属性，其特征与一般村庄有明显区别：第一，二产业难发展，第三产业为主，人口流动性大，用地结构和权属更为复杂，村庄发展更具目标导向性。景中村的属性既有利也有弊，如何趋利避害，是小李村发展的重点内容。

动力机制

动力类型		主要表现
内部推动	第三产业的基础积累	· 村庄发展的原始动力，促进村庄产业现代化多元化发展
	村民发展需求	· 促进经济发展，加快城乡融合 · 促进人居环境改善与设施建设
外部拉动	政策推动	· "美丽中国"、城乡统筹战略等各项上位规划及相关法律法规
	景区开发带动	· 为村庄发展提供环境、客源 · 促进村风貌建设美观、和谐 · 促进生产、生活方式的转变
	城市辐射带动	· 扩大消费市场，带来发展潜力 · 对村庄发展提出更高的要求

定位依据

1.政策引导
上位规划对其发展方向给出明确指示，即适当倡导发展以导游、接待、休闲娱乐等为主的旅游服务业务。随着城市扩张和景区开发，桥梁社区要逐步与城市与景区接轨，城乡统筹、景乡统筹。

2.资源导向
桥梁社区位于东湖风景名胜区中部重要位置，毗邻东湖，拥有优越的区位优势和丰富的自然资源，是为东湖景区发展的重要一环，以资源为导向，协调好自然与发展的关系。

3.产业基础
桥梁社区位于光谷副中心与东湖风景区联系的主要纽带之间，人流车流络绎不绝，在原有的产业基础上，发展具有特色的旅游服务产业，将会使社区经济得到巨大发展。

4.环境影响
桥梁社区拥有优越的自然环境和生态资源，近些年来，东湖景区加大力度整治环境，取得了不错的效果，但很多较偏僻的地方仍然是垃圾乱扔，污水横流，严重破坏人居环境，降低居民生活舒适度。作为景中村，自然环境是重中之重，要发展与保护相统一。

规划定位

桥梁社区
依托桥梁社区的区位优势、资源禀赋，结合东湖风貌与自身特色，统筹安排，将桥梁社区建设成为东湖风景区的旅游配套产业综合服务集群。

小李村
针对小李村，以北过音乐节场地为基础，以磨菱角湖—团山的绿道为主导，以鲁磨路的交通各条件为纽带，以滨江公园、音乐创意市集、音乐体验业地、音乐主题餐厅等具有音乐节配套衍生空间，重点建设绿道边上的"音乐驿站"桥梁社区的"音文娱组团"，让小李村成为拥有自身特色的休闲、文娱旅游区与服务区。

发展影响因素

桥梁社区（小李村）的发展演变是一个诸多外部因素和内部因素综合影响的过程。外部因素主要包括城市和景区主体，主要涉及相关法规和利益关系等体系；内部因素主要指地处景区内部的自然文化优势、土地资源稀缺性和人口因素。早期村庄发展主要受内部因素影响，随着城市扩张和景区开发，外部因素成为影响村庄发展的主要因素。

外部拉动 ＜ 内部推动

↓

外部拉动 ＞ 内部推动

小李村的发展动力主要包括内部和外部两方面，在村庄早期发展过程中，内部发展要素的影响和制约比重较高，但随着武汉市的不断扩张，城镇化加快，以及东湖风景区的开发，村庄的开放程度越来越高，小李村的发展受到外部因素的影响和制约也越来越大。

周边资源

交通区位

研究策略

技术路线

（实地调研 → 专题研究 → 方案生成）

此次设计以基础资料和实地调研为基础，针对生产、生活、生态三个与村庄息息相关的方面，发现村庄存在的问题，再从产业发展、旅游规划、空间风貌、生态环境和乡村治理专题五个专题入手，通过案例借鉴、对比分析等手段，找出解决办法，提出规划策略。

产业规划策略

桥梁社区产业发展方向选择

经营模式
采用"政府+企业+个体"经营模式，政府在村庄发展与建设过程中起引导和监督作用；企业负责经营管理、商业运作和环境整治保护；村民负责提供土地房屋及旅游服务。

村庄定位
打造桥梁社区特色的"音文娱组团"，让小李村成为拥有自身特色的休闲、文娱旅游区与服务区。

发展策略
结合村庄有资源、区域优势，发展类型本土化，避免同质化恶性竞争。尊重生态性、文化性特征，满足生态与文化的可持续发展。
村民是村庄发展的主体，要广泛听取村民意愿，加强公众参与。重视对村庄的承载能力，引入自然和经济两个方面，创造自盈盈业。壮大集体经济，构建共享机制，灵活选择经营模式，拓展业务。

桥梁社区层面／小李村层面：现状问题
村内第一二产业难以为继——村内现有耕地很少，加上风景区的开发限制，第一、二产业没有发展的空间和条件。
村内第三产业不成体系——没有较稳定又成配套产业，没有对外统一品牌，缺乏对村片区整体形象的塑造。
资源禀赋挖掘不足——生态资源丰富，区位及交通条件优越，但村内缺乏亮点留住游客，资源优势难以转化成产业优势。
村内经济发展不均衡——因地理位置和手作资源的差异，导致村内部经济发展存在严重不平衡现象，形成村民的心理落差。
产业经营模式不合理——主要是"单体经营模式"，对村庄经济的带动效果不明显，难以形成规模化发展，竞争力不足。

旅游规划策略

SWOT分析／功能定位／差异发展策略／业态优先策略／乡村联动策略／业态创新策略

牢牢抓住开展音乐节项目的机遇，着眼于音乐710大旅游市场，翻刻娱乐市场、健康登山旅游市场三大客群市场，挖掘音乐艺术文化，进行旅游业态的创新升级，发展以音乐节为主、音乐相关生产为辅，创造音乐文娱产品，规划若干特色主题游线，给游客带来一条龙服务。

空间风貌整治策略

现状问题／改造策略
- 绿化不足 → 配套设施完善
- 视觉景观不佳 → 结合社区绿化美化，构建点线面结合的公共空间网络
- 活动空间匮乏 → "点"的均匀布点/在商业、服务、休闲设施的集中用地内，规划布置公共空间/结合交通线路布点结合景观点
- 公共空间之间缺乏整体性和有机联系 → 商业街/景观游步道/绿道　成为"点"—"线"，共同构建富有活力和生活情趣的社区
- 场所归属感不强 → 考虑不同交往主体的生理、心理特征以及行为特点　在室外活动场地的设计中应更多去给老人和儿童交往活动场地/青年人更偏向年代化的活动场所/针对中年人可考虑增加停留设施、室内活动场所
- 公共设施不足，缺乏不同年龄层的针对性设施 → 道路系统优化，采用缓冲技术改造街道空间优化道路断面布置/结合景观设计改造成停车场/分人群进行停车改善/采用缓冲技术
- 发生活动单一，未承接景区功能 → 建筑风貌整治提升　拆除部分质量较差、违建及影响街道景观的建筑外墙，规范附属设施的设置/结合村内现有建筑样式，参考武汉传统民居特点，美化建筑立面/居民自发产生行为活动，居委会组织

生态环境保护策略

现状问题
风景区内形成了水一山一田的格局，且村庄内部缺少景观绿化。村庄内外构成高度景观异质性。
村内存在有乱扔垃圾的现象，如按照就近处理原则将垃圾随意堆存在沟沿、渡口、空地等，致使破坏垃圾堆积。
村庄西南侧有一片区域是房屋拆除后留下药块、塑料、金属、木料等建筑垃圾，还有包含各种生活、生产垃圾的杂物，并有裸露土壤污染。
小李村内基本没有雨水排水管道，存在村里的水渠于田地灌溉，下雨天路面污水漫流，泥泞不堪，雨水及污水沿地面排至路边低洼处。

应对策略
生态通廊建设：在大格局上，建设生态绿带，特别是临近山林湖泊的地区，减少人为活动破坏生态系统的破坏。
固体废弃物防治：建立完善的垃圾分类回收设施和制度，加强宣传教育，提高居民环保意识。
水污染防治：控制地表面源污染（即固体废弃物污染），避免二次污染。

乡村治理策略

现状问题	治理阶段	治理策略
产业管理制度不完善——缺乏规范的投资经营和管理制度，严重阻碍桥梁社区产业发展	初级阶段——政府主导的乡村环境整治和产业提升——政府占据主导地位，主要对物质空间进行治理以及营造良好的产业发展环境	加强乡村环境治理，包括建筑风貌整治、环境卫生整治等等方面
原居民与外来人员的矛盾——城中村属性使得村庄内部出入复杂，人口构成复杂大量外来人员的入驻，与本地村民难免会发生矛盾	中级阶段——政府指导，强化社会公众的参与——政府推动下社会公益组织参与、集体的参与自下而上双向沟通的治理模式	规范经营秩序，营造良好的产业氛围
历史遗留问题——早期为了拉动经济，大量的卖地建房，造成复杂的土地纠纷、人员复杂等问题		鼓励社会公众的参与，成立社会公益组织
外部拉力不足——风景区相关规定了不能做什么，但没有明确规定应该做什么、怎么做，不是不能治，而是不敢治	高级阶段——共同参与，社区自治——社区居委会、社区自治组织自下而上自治，在村庄层面形成一个自下而上的治理网络	构建"三治融合"的治理模式，法治为保障、德治为基础，自治为目标
内源动力不足——外来人员居住是暂时的、流动性的，对社区没有归属感；本地居民代表会在村庄的大归属感，整体意识较为浅薄，对社区工作漠不关心		

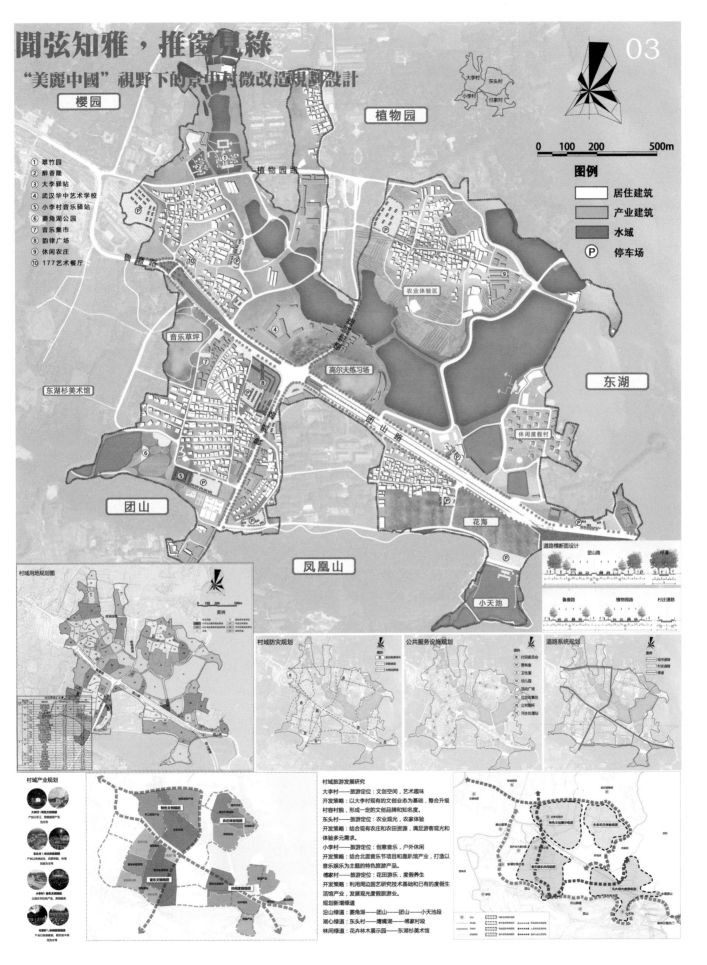

闻弦知雅，推窗见绿

"美丽中国"视野下的景中村微改造规划设计

03

① 翠竹园
② 醉香隆
③ 大李驿站
④ 武汉华中艺术学校
⑤ 小李村音乐驿站
⑥ 菱角湖公园
⑦ 音乐集市
⑧ 韵律广场
⑨ 休闲农庄
⑩ 177艺术餐厅

樱园

植物园

植物园路

鲁磨路

音乐草坪

东湖杉美术馆

团山

凤凰山

农业体验区

高尔夫练习场

东湖

休闲度假村

花海

小天池

图例
居住建筑
产业建筑
水域
P 停车场

0 100 200 500m

道路横断面设计

村域用地规划图

村域防灾规划

公共服务设施规划

道路系统规划

村域产业规划

村域旅游发展研究

大李村——旅游定位：文创空间，艺术趣味
开发策略：以大李村现有的文创业态为基础，整合升级村容村貌，形成一定的文创品牌和知名度。
东头村——旅游定位：农业观光，农家体验
开发策略：结合现有农庄和农田资源，满足游客观光和体验多元需求。
小李村——旅游定位：创意音乐，户外休闲
开发策略：结合北面音乐节项目和影趴馆产业，打造以音乐娱乐为主题的特色旅游产品。
傅家村——旅游定位：花田游乐，度假养生
开发策略：利用周边园艺研究技术基础和已有的度假生活馆产业，发展观光度假旅游业。

规划新增绿道
沿山绿道：菱角湖——团山——团山——小天池段
湖心绿道：东头村——鹰情湖——傅家村段
林间绿道：花卉林木展示园——东湖杉美术馆

村湾规划

规划说明：以北边音乐节场地为基础，以沿菱角湖-团山的绿道为主导，以鲁磨路的交通条件为依托，建设音乐公园、音乐创意集市、音乐体验营地、音乐
主题餐厅等音乐节配套衍生产业，重点建设村庄绿道边上的"音乐驿站"，打造桥梁社区内的"音乐文娱组团"，让小李村成为拥有自身特色的休闲文娱旅游
区，让游客从城市的"快速"状态，在小李村"减速"，从而过渡到景区的"慢速"。

建筑风貌整治指引

■ 建筑风貌现状分析

	民居	别墅
建筑色彩		
建筑材料	墙砖、涂料、水泥	墙砖、涂料
门窗	窗户大都为正常尺度；有铺面的为卷帘门，无铺面的为防盗门	拱窗、大尺度的落地窗；围墙的门以黑色铁艺门为主
阳台	弧形阳台居多；栏杆以罗马柱和铁艺为主；有的会加现代感封闭阳台防盗	阳台尺度较大，弧度居多；多天台；栏杆以罗马柱为主
屋顶	坡屋顶居多；坡屋顶以红瓦为主，有部分加建有蓝色铁皮挡板	多为平屋顶与坡屋顶组合在一起，红瓦黑瓦均有，整体与立面色彩相衬

■ 建筑风格控制引导

主体风格

中西结合风格

依托现有的村拉建筑中西结合的特点，在柱式、门头、窗檐等装饰细部运用欧式风格的元素。

点缀风格

现代中式风格

新建建筑采用，将传统武汉农村民居的元素与现代、细部处理提取符号性元素，强调意境上的婉约雅致的属性。

整治思路

在原有建筑的改造上，由于在建筑风格、色彩、材料使用上，小李村与武汉近代的传统民居——里份有着相似之处，可以提取里份建筑风貌的特点，应用到小李村建筑风貌整治中。

	现状 ＋	武汉里份
颜色	白、灰、红、黄	白、灰、红、黄
材料	砖混结构或钢筋水泥结构，表面涂料、瓷砖、水泥	砖木结构或钢筋水泥结构，表面涂料、瓷砖、水泥、粉刷麻石
屋顶		红色平瓦坡屋顶
门窗	1.防盗库门，少部分门头为欧式山花装饰 2.单层铝合金窗户	1.多石库门，常采用传统花鸟虫图案进行门头装饰 2.双层窗户，内层玻璃窗，外层木质百叶窗，下半截窗中式条环板

■ 建筑色彩控制引导

以体现"生活既活泼明快，又沉静闲淡"，彰显"乡村风情"为原则，选取红、黄、蓝、白、灰五色作为小李村建筑的基本色调。

色组	联想		象征
红	血液、太阳、火焰、心脏	热情、危险、喜庆、爆发、反抗	
橙	橘子、橙子、晚霞、秋叶	快乐、温情、炽热、明朗、积极	
黄	香蕉、黄金、菊花、提醒信号	明快、光明、注意、不安、野心	
绿	树叶、植物、公园、安全信号	和平、理想、成长、希望、安全	
蓝	海洋、天空、湖泊、远山	沉静、凉爽、忧郁、理性、自由	
紫	葡萄、茄子、紫藤、紫罗兰	高贵、神秘、优雅、嫉妒、病态	
白	白雪、白云、白纸、医院	纯洁、朴素、虔诚、神圣、虚无	
黑	头发、墨汁、夜晚、木炭	死亡、恐怖、邪恶、严肃、孤独	

墙面主色调

中高明度、中低彩度的中暖色调为主。

灰色			
米色			
赭石			
熟褐			

墙面辅色调

除上述主色调可同样用作辅色调之外，还可包括白色及彩度相对更高一些的冷暖色调。

白色		
蓝灰		
浅黄		
红色		

主辅色调搭配

主色	灰色	米色	赭石	熟褐
灰色	—	√	√	√
米色	√	—	√	√
赭石	√	√	—	×
白色	√	√	√	√
蓝灰	√	×	√	×
浅黄	√	√	√	×
红色	√	√	×	×

√：推荐搭配
×：不宜搭配

搭配实例

灰白+景观

武汉江岸区坤厚里
浅黄+灰色+红色

其他色调

点缀色：

为烘托气氛、塑造特殊形象等，建筑内允许采用彩度较高的鲜艳色彩作为点缀色，对点缀色色调不做强制规定，但建议满足：

商业类、公共服务设施类建筑点缀色比例不宜超过30%；

其他类型建筑点缀色比例不宜超过15%。

玻璃色：

从简洁雅致的原则出发，建议采用无色透明玻璃。

屋顶色：

屋顶建议采用平、坡屋顶相结合的方式，色彩以深灰、赭石为宜。

赭石	灰色

■ 建筑材料控制引导

涂料

除一般性涂料之外，可选用真石漆等同类型仿石涂料，可实现类似石材的装饰效果，性价比高、更环保、耐腐蚀，但对施工工艺要求较高。

真石漆样本

真石漆装饰面细部 真石漆装饰面效果

砖墙

砖墙在传统民居、现代中式建筑中被广泛运用。

通过砖墙的使用，可以塑造简朴雅致、充满乡土风情的村庄氛围。

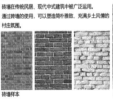
砖墙样本

砖墙装饰面效果

文化石

文化石一般用于建筑外墙的局部装饰，在现代中式建筑，特别是公共设施中被广泛运用。

它具有环保节能、质地轻、强度高、抗融冻性好等优势，通过文化石的使用，可以增加建筑落地的厚重感。

文化石样本

文化石装饰面效果

■ 建筑风貌整治示意

民居改造

深灰色坡屋顶+浅色青砖+灰色文化石+白色点缀，细节上墙涉罗马柱式栏杆及美式窗景灯。

休闲驿馆

赭色坡屋顶+白墙+大面积落地窗+红砖/灰色涂料点缀，将中式悬山式的墙背和屋架作为元素简化提取出来在细节上予以表现。

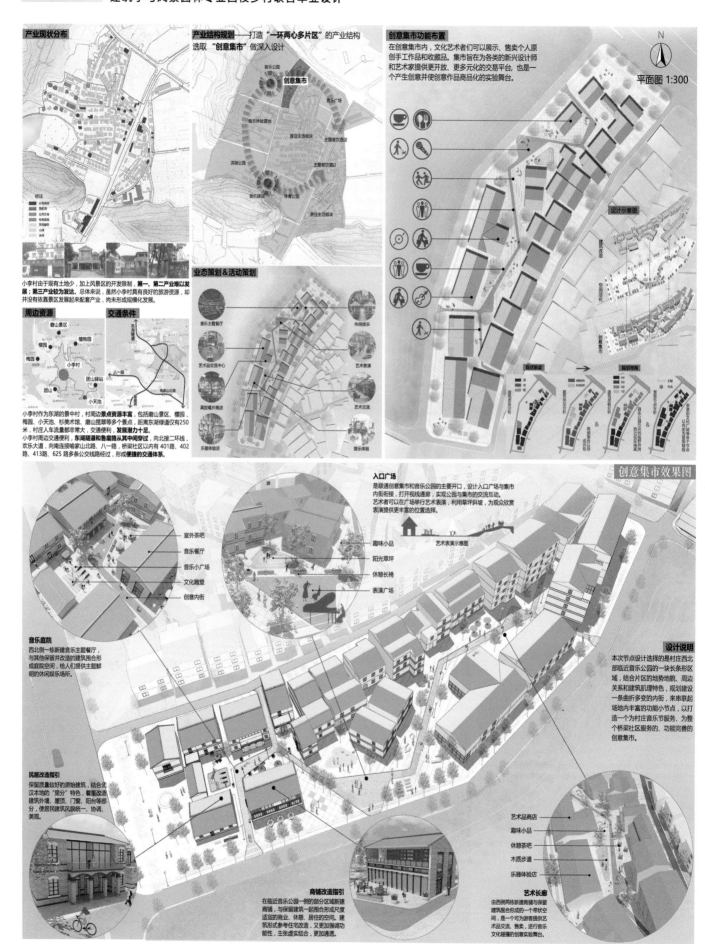

产业现状分布

小李村由于现有土地少，加上风景区的开发限制，**第一、第二产业难以发展；第三产业较为发达**，总体来说，虽然小李村具有良好的旅游资源，却并没有依靠景区发展起来配套产业，尚未形成规模化发展。

周边资源

交通条件

小李村作为东湖的景中村，村周边**景点资源丰富**，包括磨山景区、樱园、梅园、小天池、杉美术馆、磨山揽翠等多个景点，距离东湖绿道仅有250米，村庄人车流量都非常大，交通便利，**发展潜力十足**。
小李村周边交通便利，**东湖隧道和鲁磨路从其中间穿过**，向北接二环线、欢乐大道，向南连接喻家山北路、八一路、桥梁社区以内有401路、402路、413路、625路多条公交线路经过，形成**便捷的交通体系**。

产业结构规划——打造"一环两心多片区"的产业结构
选取"**创意集市**"做深入设计

业态策划&活动策划

创意集市功能布置

在创意集市内，文化艺术者们可以展示、售卖个人原创手工作品和收藏品。集市旨在为各类的新兴设计师和艺术家提供更开放、更多元化的交易平台，也是一个产生创意并使创意作品商品化的实验舞台。

平面图 1:300

设计示意图

现状解读 & 深化布局

入口广场
是联通创意集市和音乐公园的主要开口，设计入口广场与集市内街衔接，打开视线通廊，实现公园与集市的交流互动。艺术者们可以在广场举行艺术表演，利用草坪斜坡，为观众欣赏表演提供更丰富的位置选择。

艺术表演示意图

室外茶吧
音乐餐厅
音乐小广场
文化雕塑
创意内街

趣味小品
阳光草坪
休憩长椅
表演广场

创意集市效果图

音乐庭院
西北侧一栋新建音乐主题餐厅，与其他保留并改造的建筑围合成庭院空间，给人们提供主题鲜明的休闲娱乐场所。

民居改造指引
保留质量较好的原始建筑，结合武汉本地的"里分"特色，着重改造建筑外墙、屋顶、门窗、阳台等部分，使居民建筑风貌统一、协调、美观。

商铺改造指引
在临近音乐公园一侧的部分区域新建商铺，与保留建筑一起围合形成尺度适宜的商业、休闲、居住的空间。建筑形式参考住宅改造，又更加强调功能性，主张虚实结合，更加通透。

设计说明
本次节点设计选择的是村庄西北部临近音乐公园的一块长条形区域，结合片区的地势地貌、周边关系和建筑肌理特色，规划建设一条曲折多变的内街，来串联起场地内丰富的功能小节点，以打造一个为村庄音乐节服务，为整个桥梁社区服务的、功能完善的创意集市。

艺术品商店
趣味小品
休憩茶吧
木质步道
乐器体验店

艺术长廊
由两侧两栋新建商铺与保留建筑围合成的一个带状空间，是一个可为游客进行艺术交流、售卖、进行音乐文化碰撞的创意实验舞台。

公共活动空间的界定

 公共性
大家/大部分人
都可以去

 打牌 聊天
活动

 坐看 站看
空间

 = 乡村公共
活动空间

小李村现有公共空间

小李村各种行为发生的主要地点集中于村内的底层商业（铺面）内和门口、北侧闸口的健身广场、南侧的足球场等。

足球场
位于小李村南侧入口处，交通要来，位置优良；以傍晚年后此活动为主，主要活动时间为下午，傍晚人数较多，主要活动内容踢球、看球、游戏、嬉戏、看戏，一般以20人以上，持续时间较长，一般为2-3小时。

村里路边
村里路边是村内重要的、人气较高的公共活动空间，在交通方面较为便利，各个年龄段均会起此活动，主要活动时间以休息时间早中晚均有分布，主要活动为聊天，以2人为主，持续时间不长。

商铺门前
商铺门前是村内重要的、人气较高的公共活动空间，交通便利，主要活动时间段中晚都有时较短，各年龄段都有，以中年年人居多，一般为2-5人，活动为聊天、买东西、带孩子等。

房前屋后
房前屋后是村内人气较高的公共空间，交通方便；主要活动时间以下午和晚上为主，且时间长；各年龄段都有，以中年人居多，一般为3-5人为闲暇聊天，主要活动为闲聊、打牌、带孩子等。

健身广场
健身广场是村内重要的、人气最高的公共活动空间，位于村口；主要活动时间以早中晚为主；各年龄段都有，以中老年人、儿童居多，一般为10人左右，有的到周围集市活动，主要活动为闲聊、健身、跳广场舞等。

小李村潜在公共空间

 村内田地
位于村内西南向，紧临要道角落，景观视野较好；现状为村内未拆所剩田地，但人均耕面积偏少，可作为聊天集聚空间或景观农业开发。

 危旧/废墟
分散在村内各处，应以相关规范，且威胁人身安全，腾出的空间可作为院落空间、商业空间或小型活动场所。

小李村公共空间改造

建筑改造方法

在原有建筑的周边增加建筑，扩展建筑空间，以满足新功能的需求。
扩展建筑空间

将原有建筑的外墙面通过落地窗的方式打开，增加与外部空间的对话性。
虚化建筑外墙面

重视对建筑前后院落的打造，以达到从公共空间到私密空间的自然过渡。
增加庭院空间

将建筑中间打开作为通道，增加建筑内外的连通性。
打开通道空间

将建筑屋顶进行延伸，形成灰空间，可作为村民休闲、遮阳、避雨的好去处。
增加灰空间

在原有建筑内部插入异化空间，增加空间多样性和趣味性。
插入异化空间

场地改造方法

通过建筑和植物组合形成，并设立入口标识来强化标志性。
入口小广场

通过铺地的变化将其特殊性强化，在中央可设置树木、雕塑、水景等来丰富空间。
中心广场

在湖边设置观景平台，打造良好的观景视野，种植树木供村民遮阳。
观景平台

通过水景和绿植打造优美的步行景观空间，提升空间品质，使村民享受散步。
景观步道

在步道旁设置供休息的小亭子，供村民和游客驻脚、聊天。
路边休息区

通过活泼的造型和色彩来打造儿童的活动场地，吸引儿童到此玩耍，并设置家长看护区。
儿童游乐区

入口广场

① 村口标志
② 休闲摊贩
③ 商铺外摆休闲座椅
④ 高大乔木

由原来的村口广场经过改造而成，增加了印有村名的奇石和作为空间控制点的高大乔木以增强整个入口广场的标志性和引导性。

商铺门前

① 沿屋走廊
② 休闲座椅

拆除紧贴道路的加建建筑，腾出空间作为行人休闲和停留场所在将腾出后的空间成为风雨走廊，丰富空间形式也为村民提供遮阳避雨的空间。

体育公园

① 入口标识
② 运动场地
③ 游泳池
④ 景观广场
⑤ 休闲凉亭
⑥ 绿道

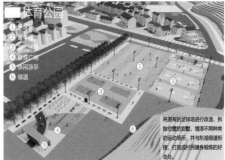

将原有的足球场进行改造，拆除空置的围墙，增添不同种类的运动场所，与东湖绿道衔接，打造成为村民健身锻炼的好去处。

邻里空间

① 休闲凉亭
② 附带桌椅的石桌椅
③ 广场空间

拆除居住组团院落内违法搭建的建筑，腾出空间作为组团内村民交往的公共场所，村民可在此下棋、打牌、闲聊等，增进邻里的感情。

儿童乐园

① 游乐组合设施
② 沙床
③ 儿童嬉水区
④ 家长看护区

将原有的三岔路改造拉直，东侧作为儿童游乐的场地，以活泼的线条和色彩作为铺地，放置各种游乐设施，并设立家长看护区。

微空间体系

商铺门前
景观步道
入口广场
儿童乐园
邻里空间
体育公园

景观步道

① 入户空间
② 休闲凉亭
③ 人行道
④ 单向机动车道

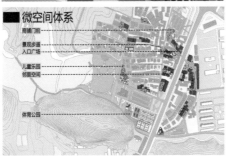

将部分车行道改为单向车道，扩大步行空间，设置休闲凉亭，种植景观花卉和植物，打造景色优美的景观步道。

树木配合方法

将树木较多的区块设置为草坪，形成成片的绿地，为村民提供亲近自然的好去处。
草坪种植

利用树池限定树木生长范围，并搭配座椅来利用树下空间，村民可在此纳凉。
树池+座椅

在村子、房屋入口处种植树木作为空间的标志，具有强烈的空间控制点的作用。
入口标志

树木与水景配合，形成倒影，微风吹过，树影婆娑，十分具有美感。
搭配水景

打开建筑中间种植树木，形成天井，让自然进入室内。
植入建筑

在较为开阔的场地上布置树阵，具有良好的景观效果，也为空间增添趣味性。
形成树阵

公园平面图 1:500

流线分析图

活动分析图

设计说明

片区地块选取小李村西南角菜地，毗邻菱角湖。依据规划设计拟建设社区公园，既是居民活动公共场所，又具备生态功能。公园设计有居民活动场地，包括阳光草坪、儿童游乐，满足不同人群活动需求。具有生态功能包括污水处理人工湿地和山地防护林，另设计有四季景观的观赏园。

菱角湖

斧头山

① 湿地净化池
② 入口广场
③ 儿童沙坑
④ 儿童游乐场
⑤ 阳光草坪
⑥ 登高台
⑦ 亲水滩涂
⑧ 花海景观园
⑨ 山地防护林

植物配置

入口广场 种植类型 混播+缀块花坛 以混播作为入口标示，选取树形优美的香樟和银杏，配以种植三叶草等的花坛。

香樟　银杏　三叶草

活力运动区 种植类型 混交密林+草地 选取疏朗的、耐荫的百慕大草建设开放草坪，供置放日常活动，利用树道围合的相对私密空间。

香樟　雪松　百慕大草

景观游览园区 种植类型 时令花卉+丛林 采用不同花期、花色缤纷以及色彩丰富的灌木营造一年中不同季节的不同景观效果。

三色堇　红檵木　紫薇

春天观郁叶李之花，更天观广玉兰之花，秋天观红枫之叶，色彩丰富，四季不同。

红枫　广玉兰　紫叶李

生态过滤区 种植类型 水生植物 利用水污染物强吸附能力强且有优良景观的水生植物，对雨水进行生态净化后再排入菱角湖，维护其往生态平衡。

菖蒲　芦苇　再力花

重点断面图 1:200

湿地净化池

菱角湖　绿道　斧头山

绿道

亲水滩涂

鸟瞰图

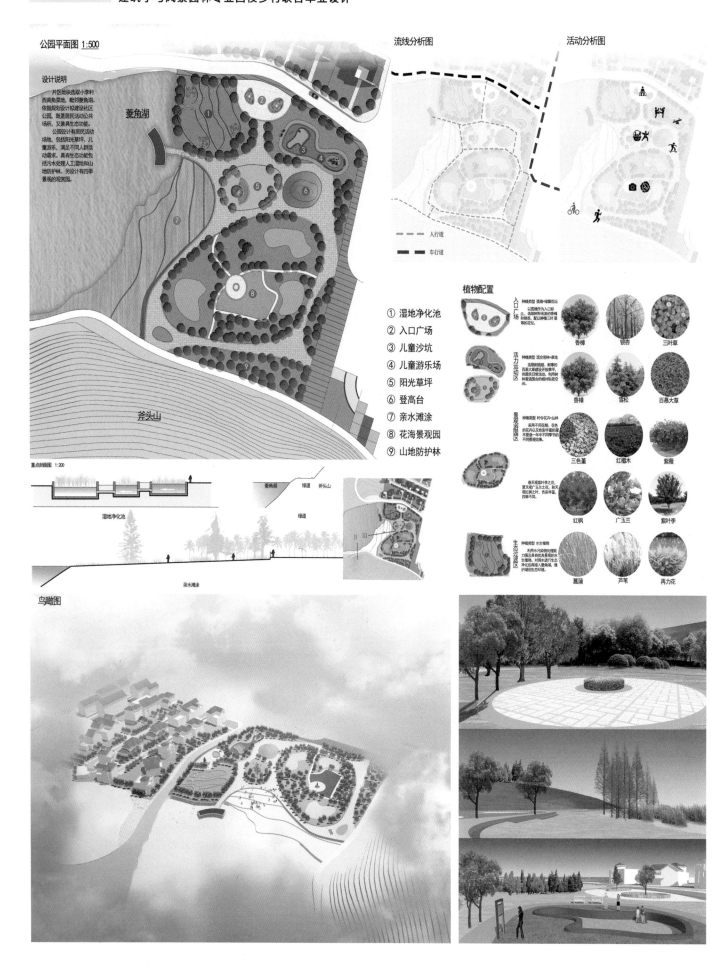

音乐驿站节点设计

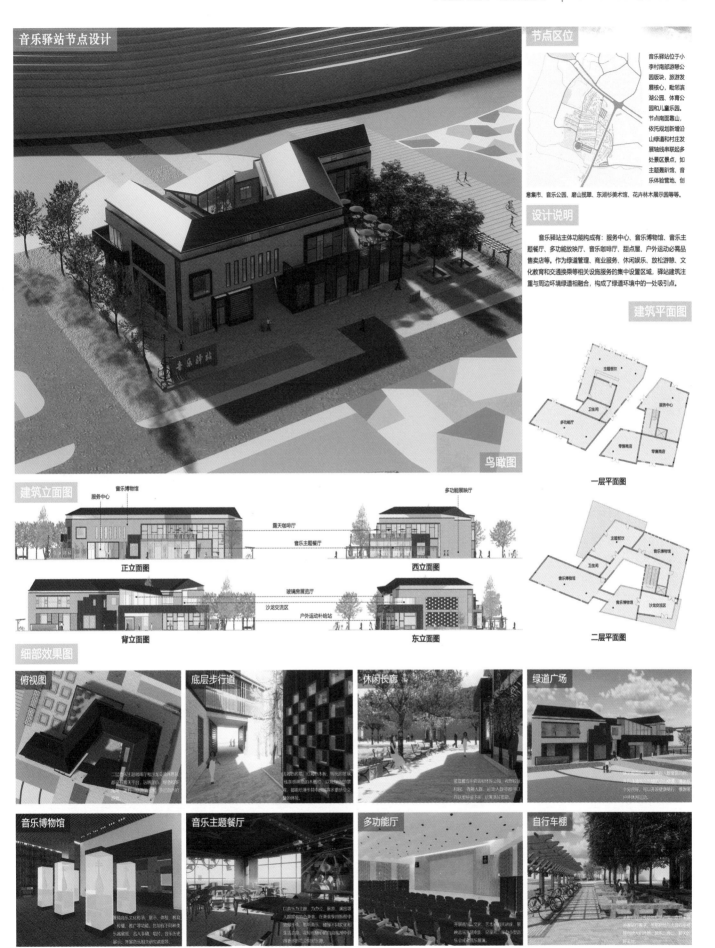

鸟瞰图

节点区位

音乐驿站位于小李村南部游憩公园版块，旅游发展核心，毗邻滨湖公园、体育公园和儿童乐园。节点南面靠山，依托规划新增沿山绿道和村庄发展轴线串联起多处景区景点，如主题嘉驷馆、音乐体验营地、创意集市、音乐公园、磨山揽翠、东湖杉美术馆、花卉林木展示园等等。

设计说明

音乐驿站主体功能构成有：服务中心、音乐博物馆、音乐主题餐厅、多功能放映厅、音乐咖啡厅、甜点屋、户外运动必需品售卖店等。作为绿道管理、商业休闲娱乐、放松游憩、文化教育和交通换乘等相关设施服务的集中设置区域，驿站建筑注重与周边环境绿道相融合，构成了绿道环境中的一处吸引点。

建筑平面图

一层平面图

二层平面图

建筑立面图

正立面图

西立面图

背立面图

东立面图

细部效果图

俯视图

底层步行道

休闲长廊

绿道广场

音乐博物馆

音乐主题餐厅

多功能厅

自行车棚

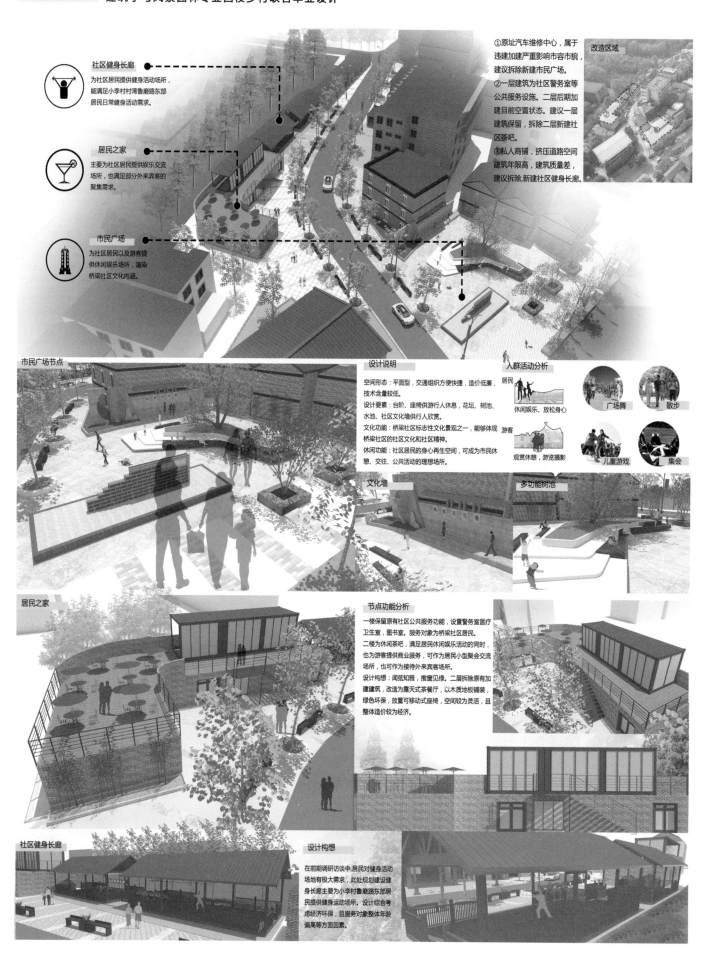

社区健身长廊

为社区居民提供健身活动场所，能满足小李村湾鲁磨路东部居民日常健身活动需求。

居民之家

主要为社区居民提供娱乐交流场所，也满足部分外来宾客的聚集需求。

市民广场

为社区居民以及游客提供休闲娱乐场所，渲染桥梁社区文化内涵。

①原址汽车维修中心，属于违建加建严重影响市容市貌，建议拆除新建市民广场。
②一层建筑为社区警务室等公共服务设施。二层后期加建目前空置状态。建议一层建筑保留，拆除二层新建社区茶吧。
③私人商铺，挤压道路空间建筑年限高，建筑质量差，建议拆除，新建社区健身长廊。

改造区域

市民广场节点

设计说明

空间形态：平面型，交通组织方便快捷，造价低廉，技术含量较低。
设计要素：台阶、座椅供游行人休息，花坛、树池、水池、社区文化墙供行人欣赏。
文化功能：桥梁社区标志性文化景观之一，能够体现桥梁社区的社区文化和社区精神。
休闲功能：社区居民的身心再生空间，可成为市民休憩、交往、公共活动的理想场所。

人群活动分析

居民 休闲娱乐、放松身心
游客 观赏休憩，游览摄影

广场舞 散步
儿童游戏 集会

文化墙

多功能树池

居民之家

节点功能分析

一楼保留原有社区公共服务功能，设置警务室医疗卫生室，图书室。服务对象为桥梁社区居民。
二楼为休闲茶吧，满足居民休闲娱乐活动的同时，也为游客提供商业服务，可作为居民小型聚会交流场所，也可作为接待外来宾客场所。
设计构想：闻弦知雅，推窗见绿。二层拆除原有加建建筑，改造为廊天式茶餐厅，以木质地板铺装，绿色环保，放置可移动式座椅，空间较为灵活，且整体造价较为经济。

社区健身长廊

设计构想

在前期调研访谈中，居民对健身活动场地有极大需求，此处规划建设健身长廊主要为小李村湾鲁磨路东部居民提供健身运动场所。设计综合考虑经济环保，且服务对象整体年龄偏高等方面因素。

学生感言 STUDENT RECOLLECTION

城乡规划学
李莹然

联合毕业设计是一个完全不同的体验。通过这个机会，我有幸接触、结识到了其他三所学校的同学们。大家不同的思路在交流的过程中碰撞出了新的火花，让我获益匪浅。

通过这次毕业设计，我对乡村有了新的认知和体会，对于景中村、城中村中出现的问题和中国现有的城乡二元制度有了更多的思考。希望以后能有机会为乡村真切地做一点事。

最后，感谢王智勇老师和我的组员们，是大家的共同努力让我们的本科生活画下了圆满的句号。离别在即，愿诸位各自安好，前程似锦！

城乡规划学
何书慧

历时三个多月的四校乡村联合毕业设计终于匆忙而圆满地落下了帷幕，我很荣幸能够参与其中。这是一个极具挑战性而又不可多得的平台，我们能聆听不同学校的老师、学生在中国乡村发展路径方面的深厚见解和有效实践，我们能积累关于整套乡村规划的设计方法与经验，我们能逐渐形成自己对未来乡村发展的独特认知和严峻思考。

我国的乡村旅游道路正逐渐踏入第三阶段，这种转变是良好的，但是过程中也不免出现同质化问题，或者是出现做无用功，乡村没有生命力的现象。特别是对于景中村这一种乡村特殊的存在形式，其独特性与局限性更需要规划者做到旅游与村庄之间的平衡。我们小组在指导老师专业建议的引领下，通过多次实地调研与资料分析，反反复复地进行方案修改，发挥团队合作积极交流的作用，最后形成了"美丽中国"视野下桥梁社区小李村微改造规划设计的全部成果。闻弦知雅，推窗见绿，这也许不是最完善的乡村规划，不是最完美的小李村蓝图，但能体现我们向乡村学习和探索的一个谨慎而用心的过程。

临近毕业，感谢四校联合毕业设计的所有老师和同学们。特别感谢王智勇老师，在方案的关键处给我们灵感，在方案的进度上给我们严格把控，也很开心能够遇到我们华科小李村组，谢谢大家的信任与帮助！

城乡规划学
舒端妮

通过这一学期的四校联合设计，我有幸结识了各校同学。在整个设计过程中，从实地调研、专题研究、方案生成、节点细化一步步地做出了一套完整而系统的规划方案。在中期答辩和终期答辩时也能认识到其他学校同学的设计特色，开阔了我自己的思路，让我知道了图纸表达形式的多样性。

而从专业角度出发，我明白了作为规划人要明确自己立场，关注公众利益，解决社会矛盾。可以说，从规划设计层面为人们解决一系列问题，提高生活环境质量是一件非常有成就感的事情。虽然我们的设计不能实施，但是于己，这是一次专业水平提高过程；于人，也希望是对乡村建设作出一点微不足道的贡献。

城乡规划学
刘　强

五年大学生活即将迎来尾声，五年的本科学习，我系统学习了解了城乡规划相关知识，为各位老师的专业知识所折服，与此同时，也学到了很多为人处事的道理，在此表示真挚的敬意与谢意。

毕业设计圆满完成，我五年的学习生活也将要画上句号，要对我的毕业设计指导老师王智勇老师表达我真挚的敬意与谢意，谢谢您对学生的指导和教育，学生将铭记在心，争取为国家社会作出自己的贡献。

还要感谢此次四校联合毕业设计小组的所有授课老师，谢谢你们无私的教诲，使我对城乡规划理论有了更进一步理解，使得我所学的理论应用到现实社会当中，有机会全面提升自己的水平。

还要感谢各位同学，谢谢你们给了我温馨的校园时光，不管我们在哪，希望都能记得彼此。最后感谢华中科技大学为我提供了宝贵的学习机会，使我能够走上一个新的平台，开始一段新的人生。

城乡规划学
唐子涵

五年大学生涯即将结束，我的毕业设计也终于完成了，这段充满奋斗的历程，让我的学生生涯激情无限、收获颇丰。

在毕业设计的过程中遇到了无数的困难和障碍，都在老师和同学的帮助下克服了，他们给我提供了很多方面的支持与帮助，尤其要感谢我的指导老师王智勇老师，同时，我还要感谢一下一起完成毕业论文小组的同学们，感谢你们的支持和倾心的协助，这会是我最美好、最珍贵的回忆。在此，我向指导和帮助过我的老师、同学们表示最衷心的感谢！

昆明理工大学 Kunming University of Science and Technology

参与学生：朱鸣洲　刘诗慧　崔彦帅　王亦尧
指导教师：赵　蕾　杨　毅　李昱午

教师释题

　　江山非故园，村丁少粮钱；行客昧于道，不与湖山联。

　　——城乡何以融合？人景何以共生？

　　本案就以人、景、业三者作为核心要素，从空间和产业两个层面进行深入探索，力求在自然文脉的追溯之中窥探到空间衍生的支撑。在空间层面，结合未来发展愿景开展了基于多方利益协调和村民自治体系的空间营造，梳理了居委会、农居SOHO、"轰趴"公园等关键场所节点，形成了通畅高效的道路体系，因势利导通路连脉，形成了点线面三位一体的景观绿化体系。建筑单体摈弃大拆大建的凭空臆想，在评估基础上梳理了多途径的建筑留存方式，基于村落主题构想改建部分民居单体，空间错落趣味又能融入村落肌理。

　　在产业方面，基于经济效益最大化和生态发展可持续化的诉求，提出了生态生产生活三生协调发展，空间产业人文三层共同兼顾的设想。回归小李村自身具备的资源禀赋，依托现有产业进行产业链整合和功能植入，进行落地性的"轰趴"、农居SOHO、房车等创新产业植入，环境提升赋予了小李村乐活新生的新场所，而农居SOHO的引入将多场景的农居办公通过空间和运营模式设计得以定义激活。

　　明月照人还，皆得开心颜；此间有洞天，疑似武陵源。

　　——此之谓，梁（桥梁社区）城（城市）美景（东湖美景）推窗现。

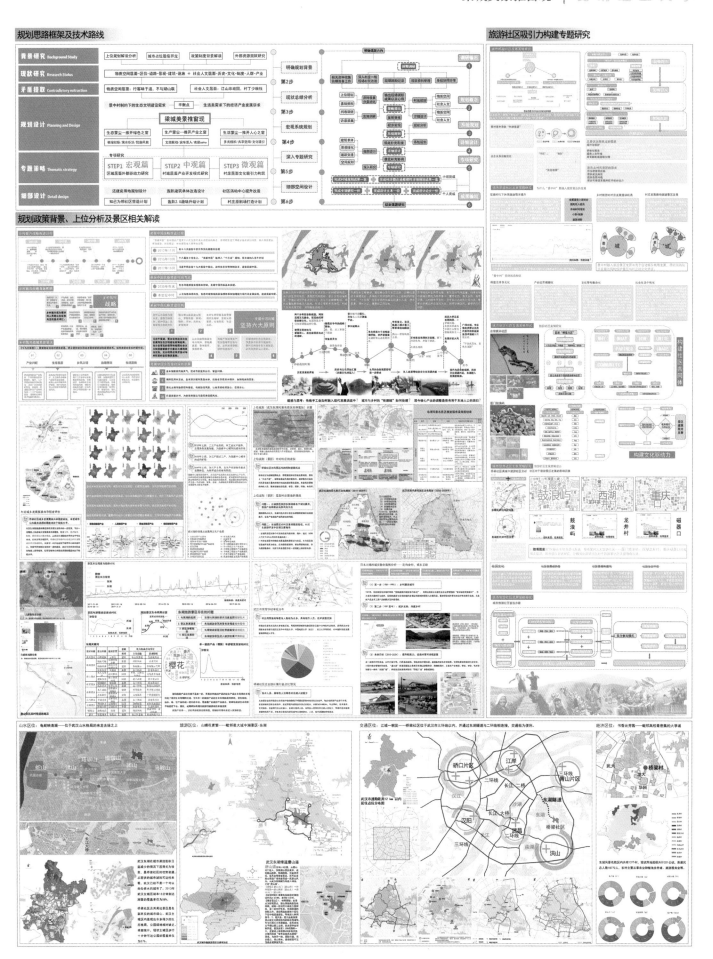

规划思路框架及技术路线

旅游社区吸引力构建专题研究

规划政策背景、上位分析及景区相关解读

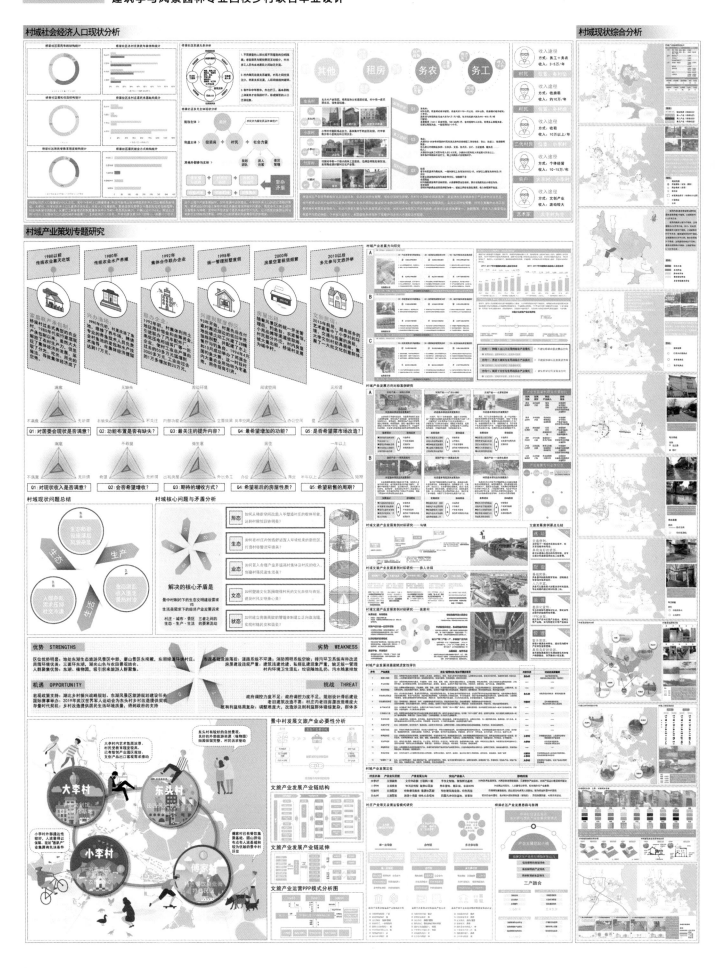

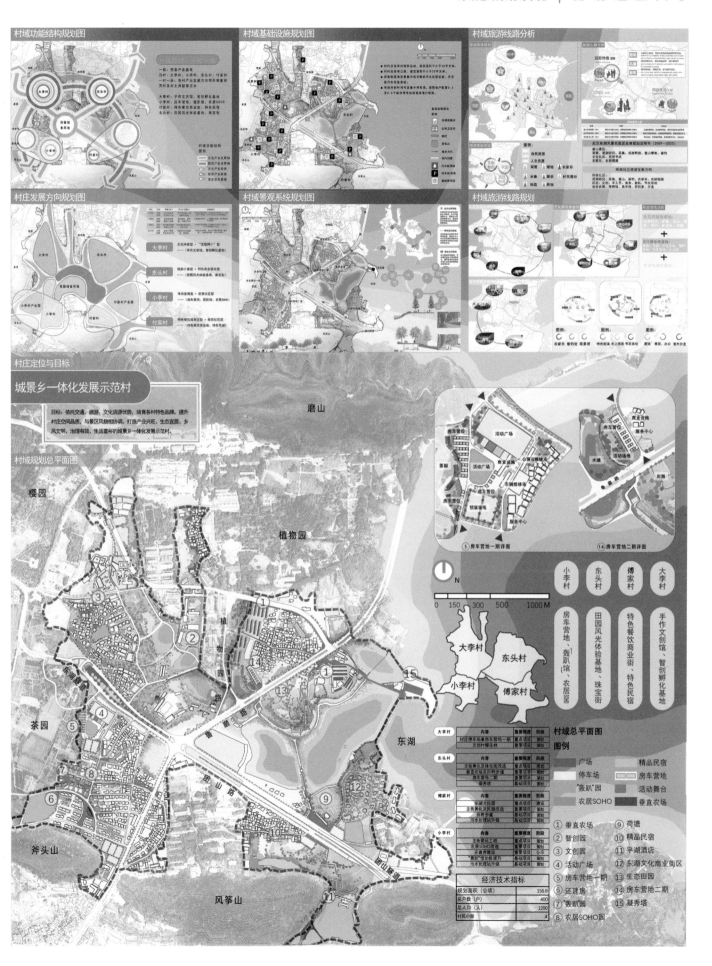

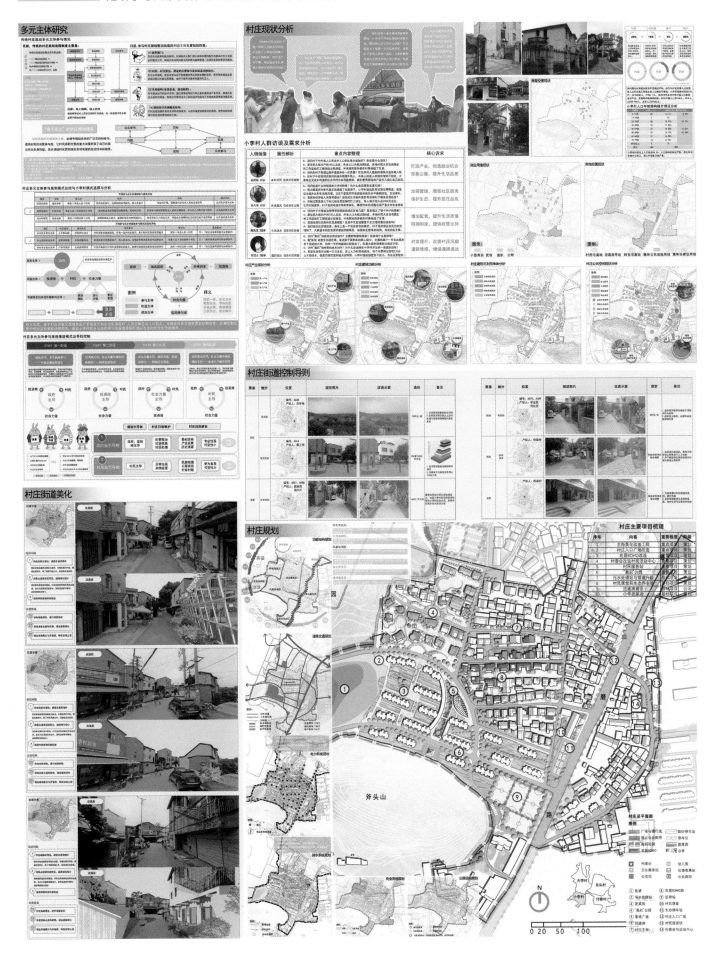

位置示意

村庄菜市场改造

村委会活动中心改造

SOHO办公室改造

村庄入口广场改造

遮荫花架分析

平面图

正立面图

侧立面图

轴测图

材料示意

分解图

农居改造

洋副食

小李村

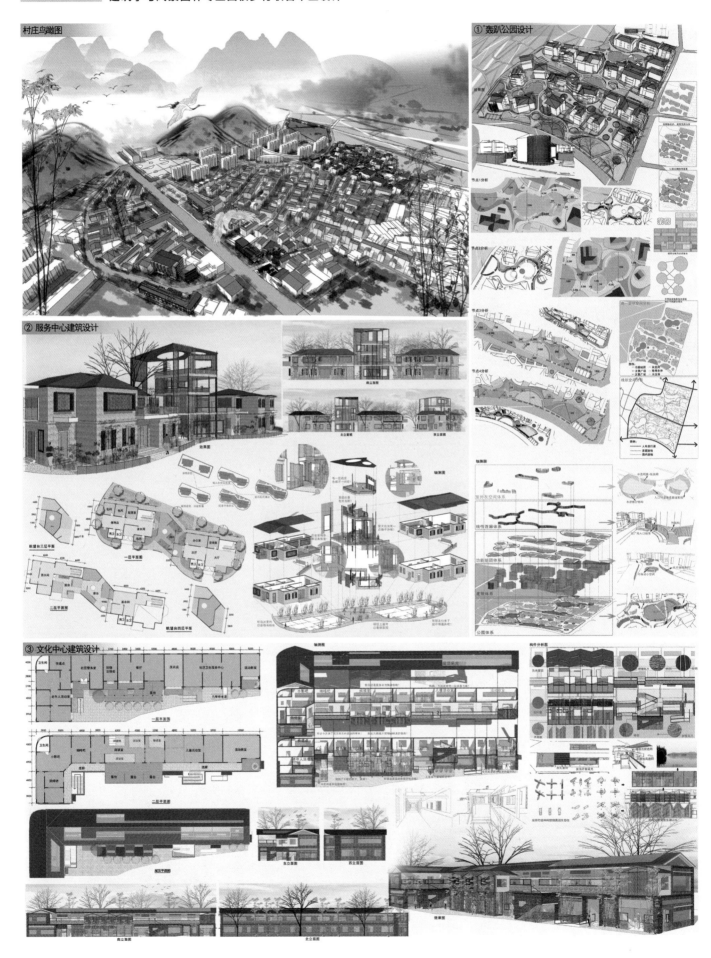

村庄鸟瞰图

① 寨趴公园设计

② 服务中心建筑设计

③ 文化中心建筑设计

学生感言 STUDENT RECOLLECTION

城乡规划学
刘诗慧

从武汉到昆明，从满心憧憬到如愿以偿，三个月的毕业设计时间转瞬即逝，紧张忙碌的设计进度是一开始不曾料想的，但是每天踩着星光从学院回到宿舍的路上是疲惫而踏实的，每一张图每一页 PPT 甚至每一页的说明书都是这段时光最好的纪念。在这次的毕业设计工作中，既愈发深刻地认识到村庄规划是一项复杂的系统工程学，绝不是嘴上说说墙上挂挂那么简单，也在自己的设计工作中找到了作为规划学子的专业自豪感和认同感，我们在学校做的方案有时候太过乌托邦理想化甚至有时是脱离了日常需求，跳脱了政策框架的束缚，但是在这次身体力行的规划中能够真切地将设计建立在村民的实际需求之上，是一次很棒的体验。非常荣幸本科的学业由这样一个极具含金量的毕业设计作为句号，感激老师，感激队友，感激自己，未来更酷！

风景园林学
王亦尧

首先非常感谢在毕业设计期间三位指导老师的悉心指导与包容，几位老师和同组同学对我的照顾让我非常感激，同时也非常开心能参加这次村庄规划，现在乡村都逐步地往城市化发展着，这既是机会也是制约，挑战如何特色发展也成了解决乡村问题的基本，在设计过程中我们始终从村民入手，了解村民需要什么，可以做什么，合理地解决现状所体现的问题。合理利用景观的优势，加强景中村优势，实现"景中村，村中景"的愿景，我也进一步思考了景观与人、与乡村的关系。

城乡规划学
崔彦帅

乡村规划让我进一步明白了什么叫踏踏实实！乡村不同于城市，有着自己独特的性格。如何把握好城市和村庄之间从经济、文化、生活空间等方面的界限，如何去综合平衡各个系统，如何真正通过设计为老百姓做实事，都是我们思考的要点。毕业设计带给我的，不仅是生活上、学习上的思考，也有着对城乡规划学科的进一步认识。感谢三位指导老师和其他三校所有老师的点拨，相信对以后的学习和工作大有裨益。愿走在希望的田野上，乘着乡村振兴的春风，贡献自己的有生力量！

城乡规划学
朱鸣洲

今年的选题让我认识到了中国社会发展到现阶段，城市和乡村所呈现出来的复杂性远超出我们的想象，选题中的乡村既有城中村般复杂的功能，又被城市里的人们寄予了乡村生活的渴望，同时又融于风景秀丽的城市景区，大学期间的课程设计很难考虑到这么复杂的情况。感谢四校指导老师的指导，更感谢四校联合乡村规划设计，让我真正意识到了规划工作者所应该面对的复杂现实，相信对以后的学习和工作有很大的帮助！

西安建筑科技大学 Xi'an University of Architecture and Technology

参与学生：王成伟　许惠坤　雷　硕　申有帅　陈奥悦　董方园
指导教师：段德罡　王　瑾　蔡忠原

教师释题

　　这次毕业设计的题目是"'美丽中国'视野下的景中村微改造规划设计"，这是一个很有张力的题目，可以从不同的角度来结题，也可以呈现完全不同的结果。

　　东湖是"城中景"，桥梁社区是"景中村"，从价值观的角度来说，不管如何看待"城市—景区—社区"的关系，最终的目标是"村中人"。桥梁社区的居民在一定程度上来说已经不是真正意义上的农民，他们在城市发展过程中获得利益——产业转型的机会、土地增值的部分收益、财产（主要是房产）的增值等；同时也失去土地、失去宅基地上的裁量权等。规划的核心目标就是"破局"——破除目前社区、景区、城市相互间责（建设职责）权（发展权）不明的困境。我们要让曾经的村民实现合理转型，步入现代社会并获得发展的机会；让桥梁社区成为景区的一部分，而景区必须与城市加强联系，成为城市不可分割的有机组成部分；让桥梁社区有归属，明确景区管委会该为社区做什么、城市政府该保障什么。

　　综上，虽然是乡村毕业设计，我们不能将该题目单纯放在乡村语境下来探讨，而是应该立足于如何解决快速城镇化之后的"人的城镇化"问题，探讨曾经的村民如何转化为市民？曾经的村庄如何转化为城市社区？如何按照城市标准提供公共服务？如何将社区产业、空间纳入景区进行一体化考虑？如何提升景区对城市的服务能力等。相信各校、各组会拿出完全不同的答案，期待各有精彩。

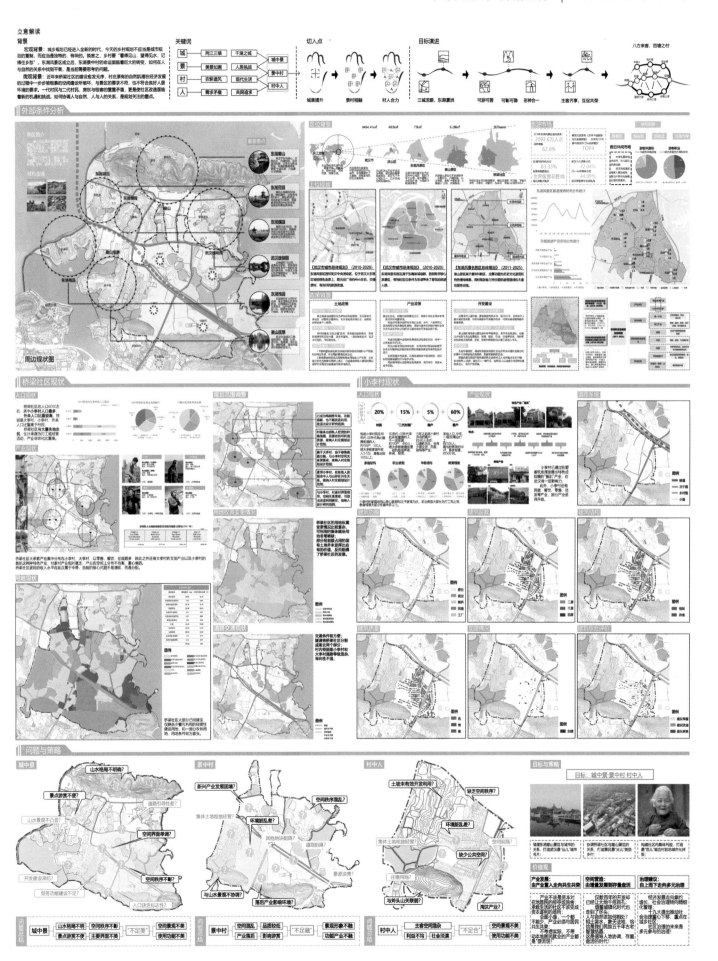

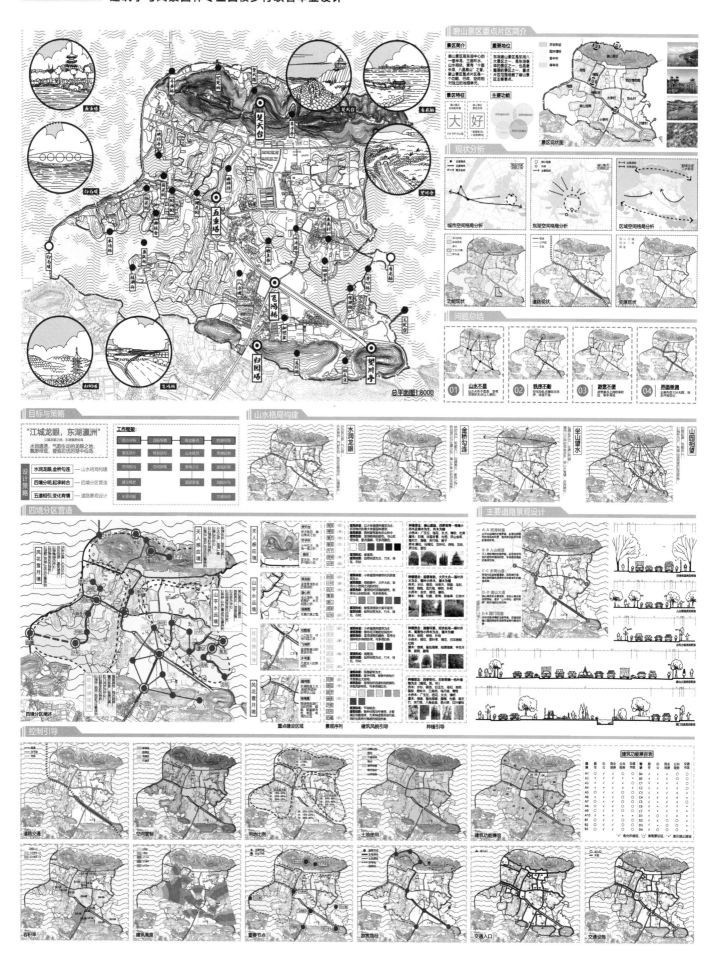

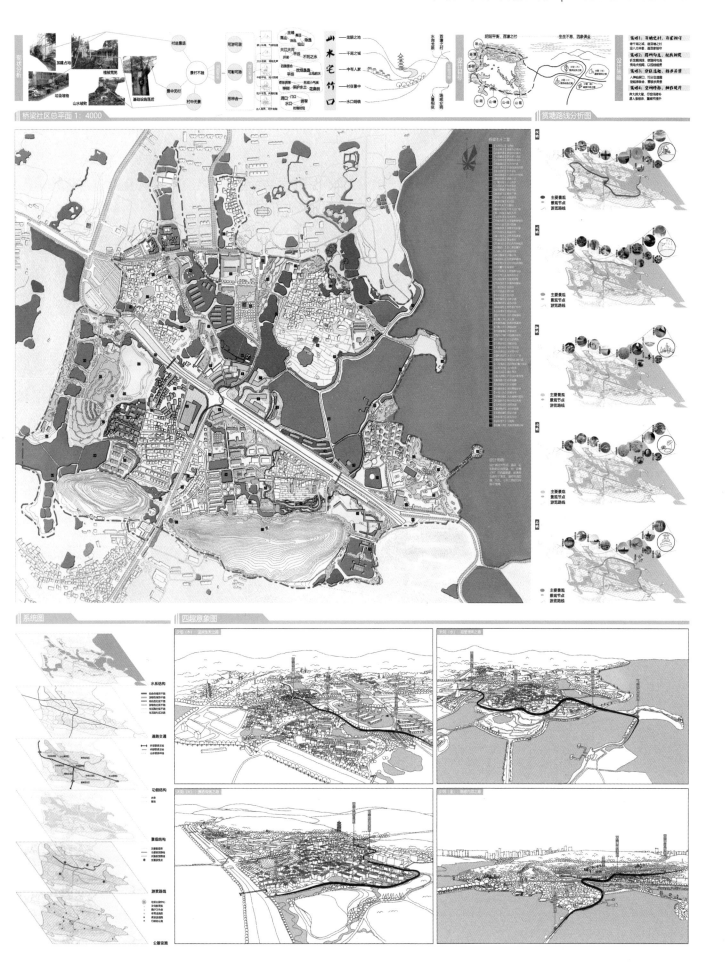

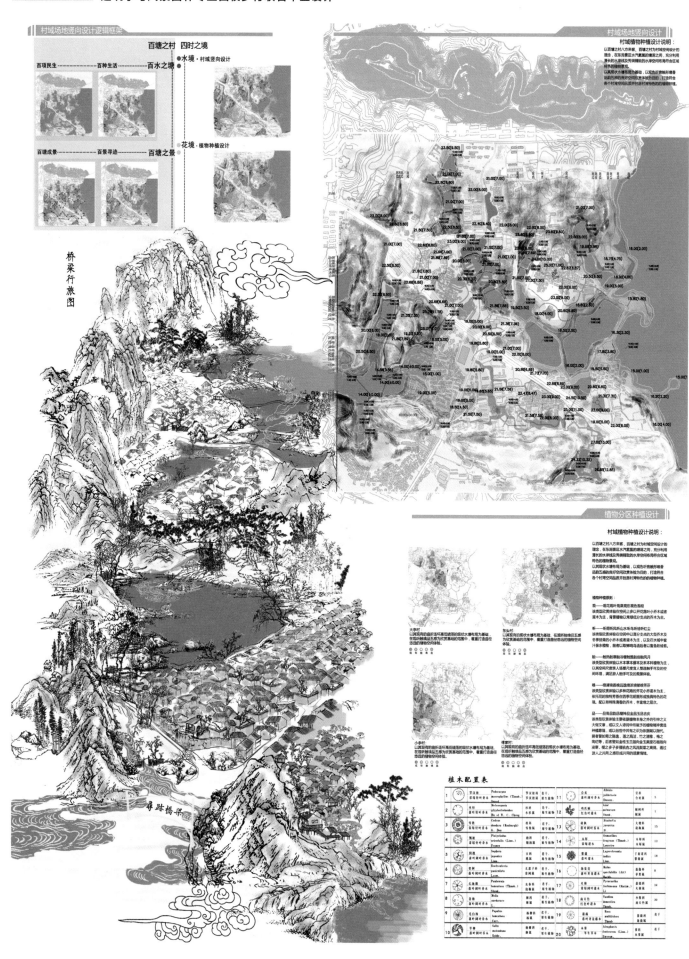

村域场地竖向设计逻辑框架

百塘之村 四时之境

百项民生————百种生活————百水之塘

●水境·村域竖向设计

百塘成景————百景寻迹————百塘之景

●花境·植物种植设计

桥梁行旅图

村域场地竖向设计

村域植物种植设计说明：

植物分区种植设计

村域植物种植设计说明：

植物种植原则：

寻迹桥梁

植木配置表

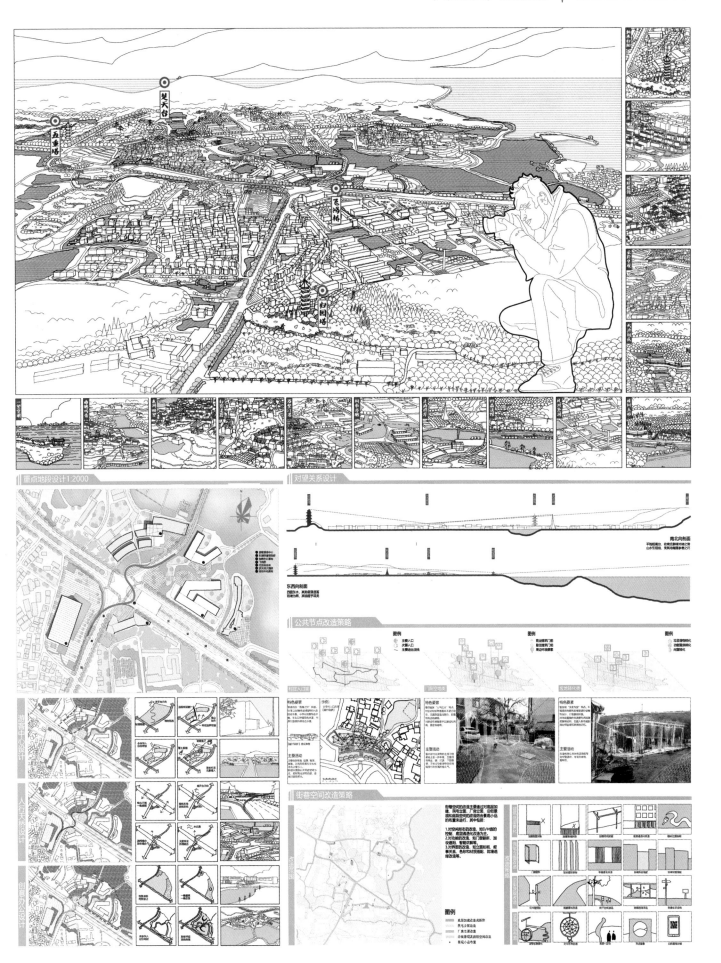

重点地段设计1:2000

对望关系设计

公共节点改造策略

街巷空间改造策略

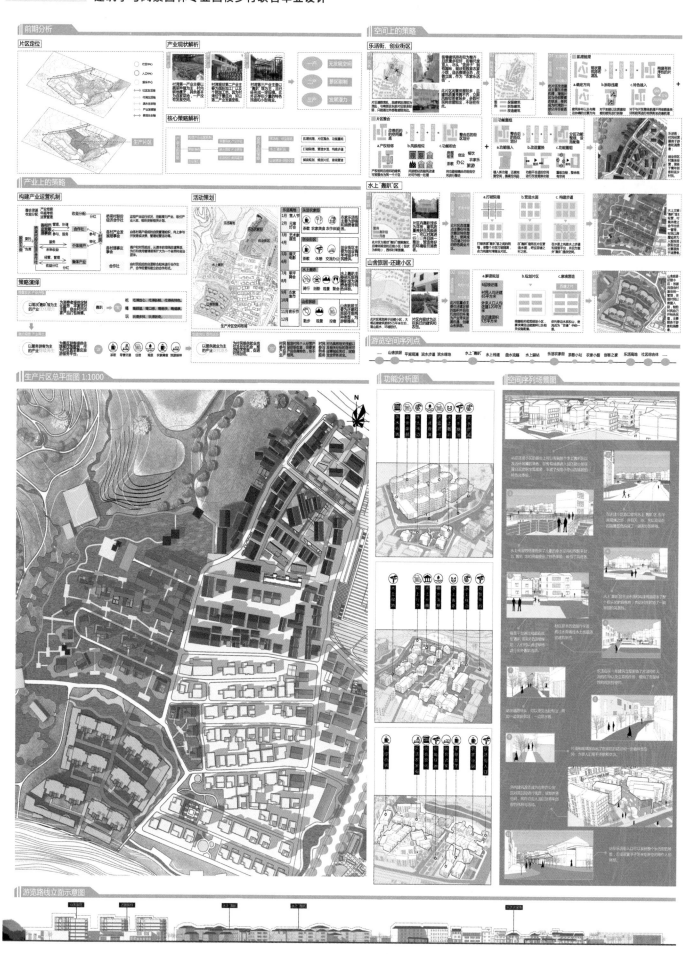

片区总平面 1:1000

人群分析

片区系统

片区改造策略

公共空间策略

街巷空间策略

景观风貌策略

建筑改造策略

片区重要节点

片区鸟瞰

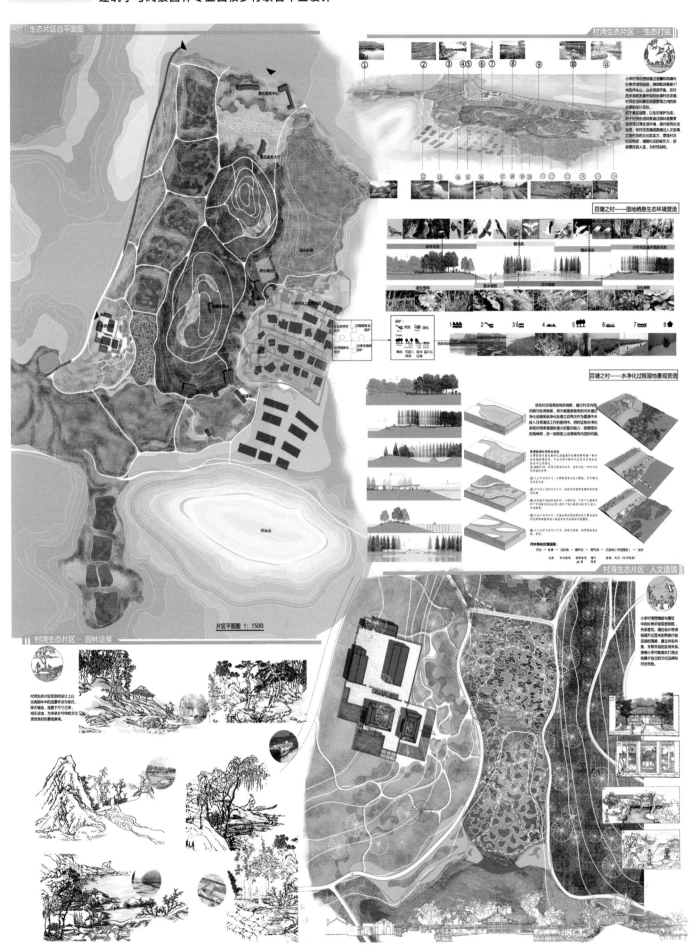

"美丽中国" 视野下的景中村微改造规划设计 2019 城乡规划、建筑学与风景园林专业四校乡村联合毕业设计

生态片区总平面图

村湾生态片区·生态打底

片区平面图 1: 1500

百塘之村——湿地栖息生态环境营造

百塘之村——水净化过程湿地景观营造

村湾生态片区·园林造景

村湾生态片区·人文造境

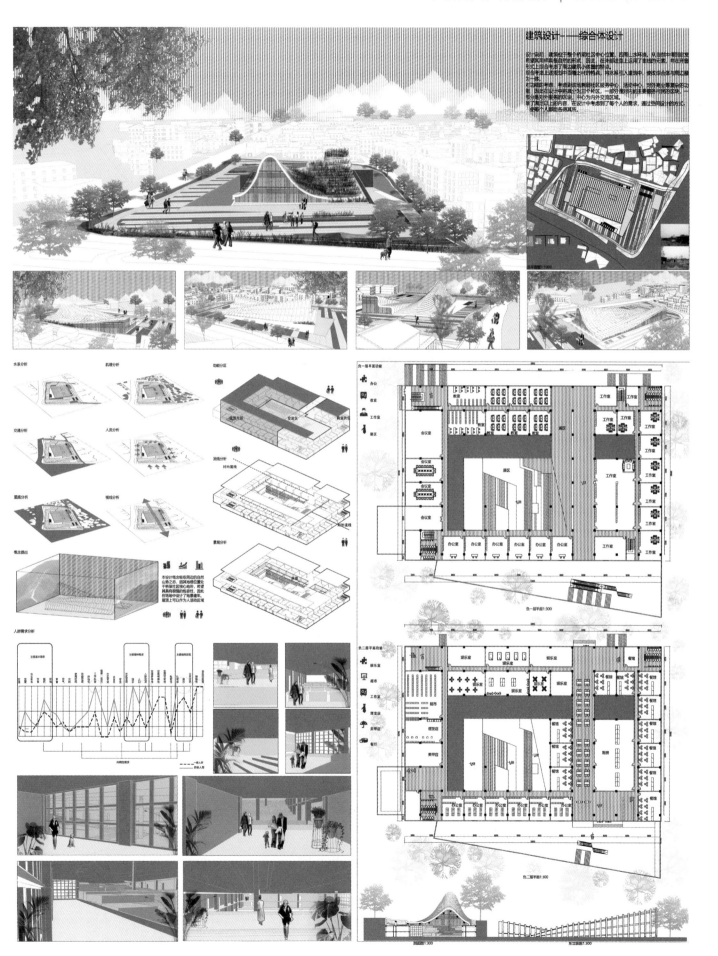

建筑设计——综合体设计

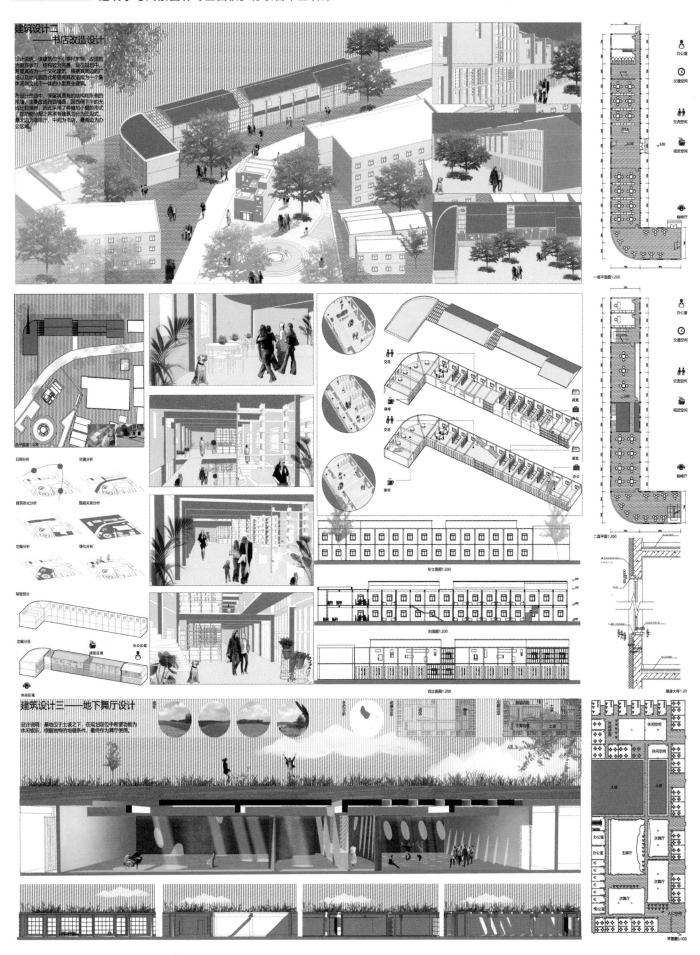

建筑设计二
——书店改造设计

建筑设计三——地下舞厅设计

学生感言 STUDENT RECOLLECTION

城乡规划学
王成伟

这次毕业设计给了我非常宝贵的经验，在这个过程中，我不仅接触了更真实的乡村和乡村问题，还积累了与其他专业同学一起工作的宝贵经验，虽然面对这样一个比较陌生的领域，挫折感是免不了的，但是小伙伴们总能互相支持，互相温暖，在课题结束之后，我们也建立起了坚固的感情。乡村需要情怀，希望我们都能在乡村中感受温暖。

城乡规划学
许惠坤

乡村既不应该是城里人消费乡愁的场所，也不应该是城里人播种慈善的稻田。在此次设计中，我认识到了非常具体的乡村，它盘根错节地与城市生长在一起，悄悄地参与着城市化的进程。应该理智看待乡村中的各种现象，理智地运用我们的同情、善良、知识和技能。中国的乡村是久病积弱的乡村，当年对乡村发展的制约，其影响不仅仅是经济和政治的，还是文化和信念的，非直接的援助和补贴所能及。解决之道是提供适宜的土壤，种下善意的种子，然后静静等待生活开花。

城乡规划学
申有帅

这次乡村联合毕业设计使我在本科学习阶段对乡村有了更深刻的认识，深深地体会到乡村规划的复杂性和专业性。十分感谢老师给我们的悉心教导和无微不至的关怀。通过这次毕业设计，我不但储备了更多的专业知识，更学会了如何团队合作，十分感谢我的队友们，感谢他们的帮助、理解、关怀和陪伴，这次毕业设计将成为我大学生涯中最难忘的一段经历。

城乡规划学
雷硕

通过这一学期为时五个月的毕业设计，首先让我认识到了乡村规划的难度之大，更何况是处于景区中的乡村，它已不仅仅是一般意义上的乡村。其次，联合毕业设计的教学，让我学到了其他学校在分析、实施以及图文表达上的强项。最后，十分感谢三位老师的悉心指导与五位小伙伴的互相帮助。总之，学到了许多，也成长了许多。

风景园林学
陈奥悦

在大五下学期的毕业设计中、与规划同学的合作及熬夜奋战里，我见识良多，收获颇丰。回首这半年紧张而充实的时光，每一次绝望的PPT狂潮里，每一个彻夜不眠的挣扎间，每一回汇报完成之后彼此相视而笑的解脱中，我见识了规划专业的繁难复杂与痛苦思考，见识了规划的程序与过程，收获了与大家同甘共苦的合作之谊、奋进之志、努力之姿。在这半年的景中村微改造设计的毕业设计中，我完成了自己自大二以来"完整地做一次乡村规划"的期许，给当初立下决心的自己一个完满的交代，为大学五年的学习生涯画上了一个满意的句号。

建筑学
董方园

回顾过去的半年，各位老师带领着我们课题小组，克服了很多困难，如果说当时选这个课题是因为情怀，那现在就是在享受着乡村设计。此次联合毕业设计打破了我对其他专业刻板的认知，我深深体会到了建筑不仅是建造建筑更需要一种匠人精神，更是一种创新精神，需要秉承着以人为本的价值观，才能在正确的道路上不断地前进。感谢各位老师细致入微的指导，感谢组员之间的相互谅解，在今后的工作以及学习中，定当初心不改，勇往直前。

田栖文旅，创享青李

青岛理工大学 Qingdao University of Technology

参与学生：李 豪　牛 琳　秦婧雯
指导教师：王润生　王 琳

教师释题

　　本次联合毕业设计研究对象为武汉东湖生态风景区桥梁社区及其下设的自然村小李村。小李村作为景中村，有着丰富自然景观资源的同时，景区高度敏感的生态环境对村庄的规划建设也产生了极大的限制作用。党的十八大提出了建设"美丽中国"的战略部署，十九大提出了"乡村振兴"战略，乡村振兴从美丽乡村做起，这也为小李村的规划建设指明了方向。

　　通过实地调研发现，小李村的人口构成复杂，产业链单一也不完整，且村庄基础设施建设落后，不能满足村民的生活需求。基于以上问题，本次毕业设计恪守"自下而上的景中村微改造"的理念，明确村庄发展定位，从人与地之间的矛盾入手，提升和引入潮流产业，对村庄规划建设实行微改造。不搞大拆大建，在保留村庄原始风貌前提下，对细节进行精雕细琢，实现村民生活条件改善和产业发展环境提升。通过这次毕业设计，鼓励学生真正走入乡村，基于深度的乡村体验、村民意愿调查，做可落地的乡村规划设计。同时激发村民的参与意识，发挥其在家园建设中的主体地位，共同为未来村庄产业发展、人居环境营建出谋划策。

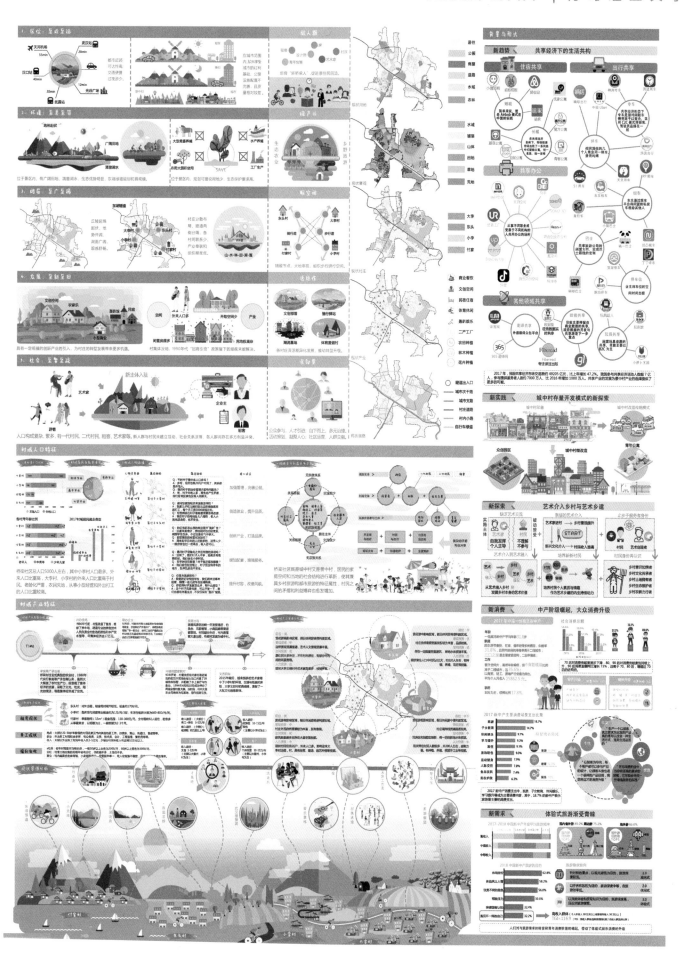

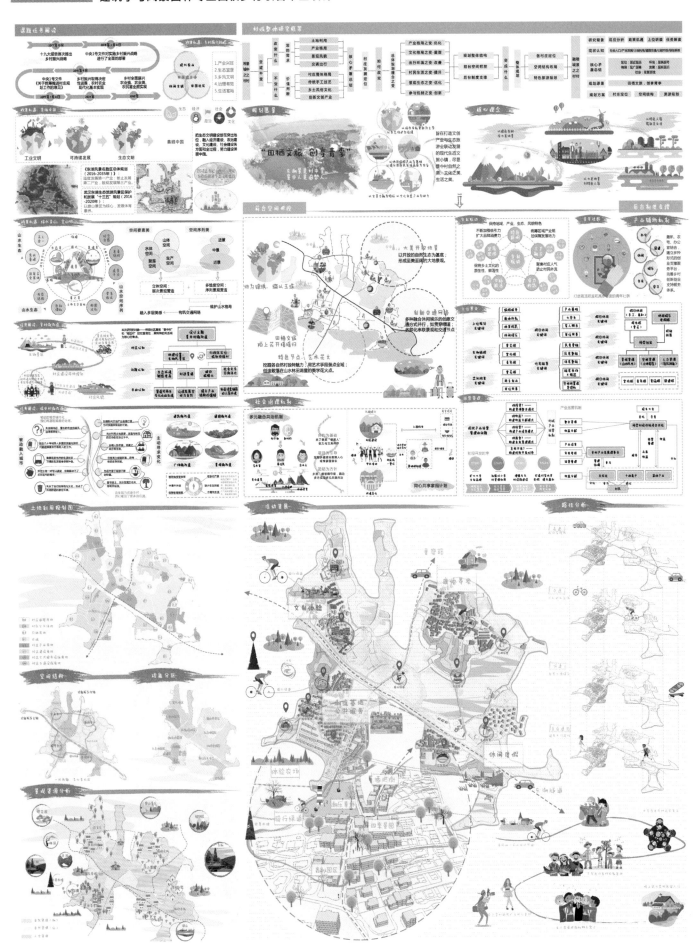

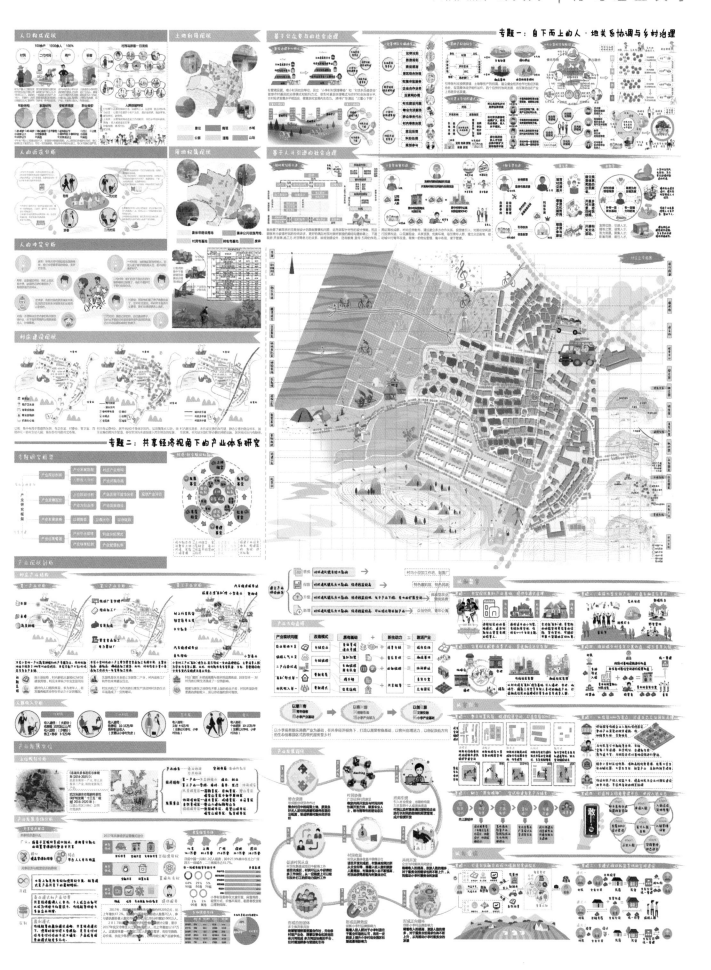

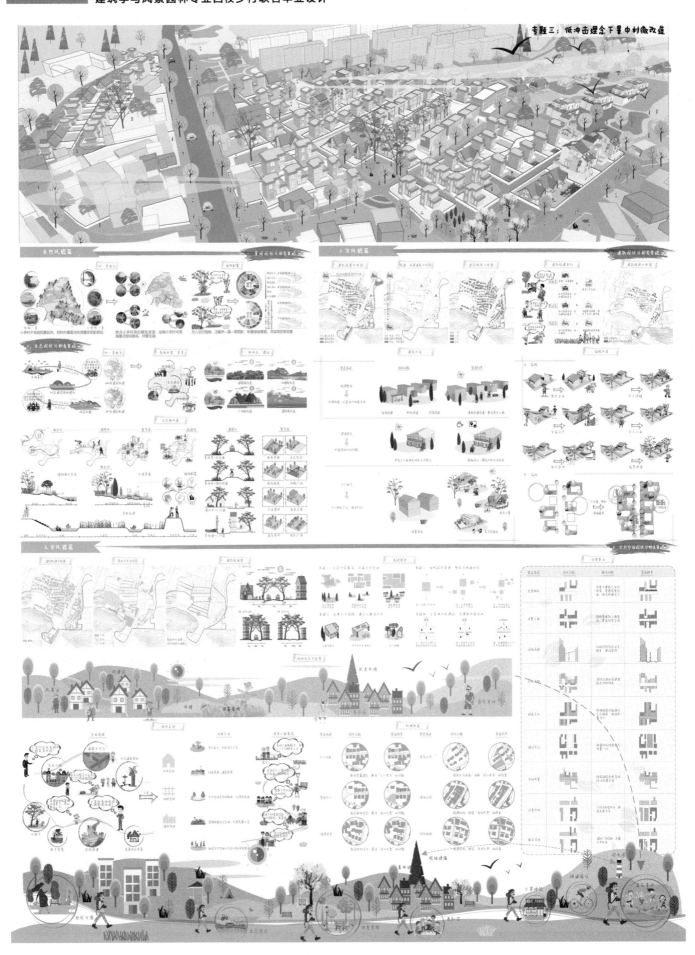

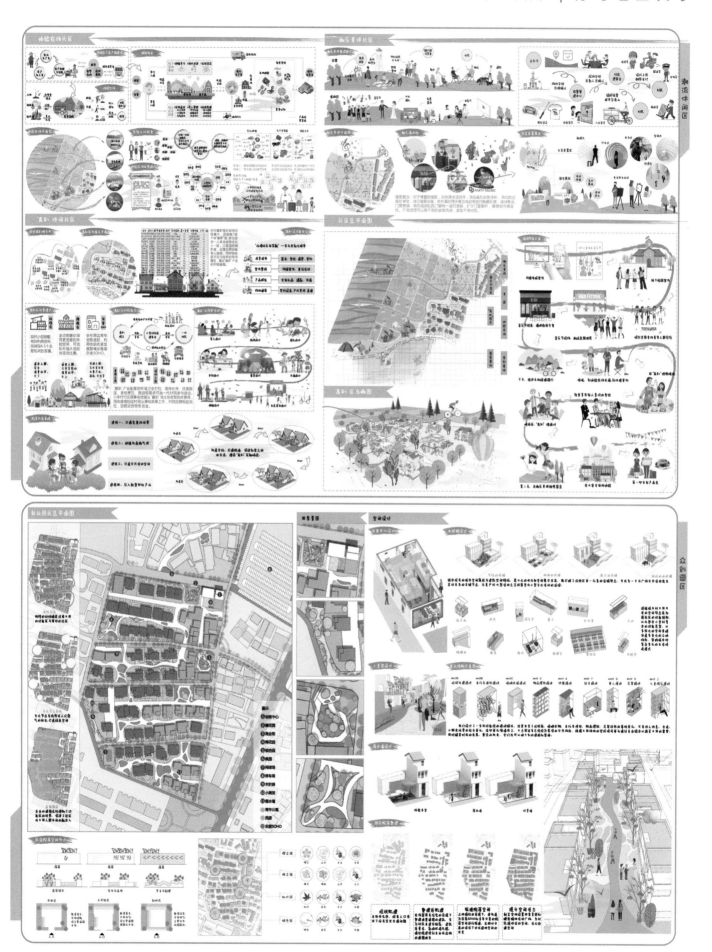

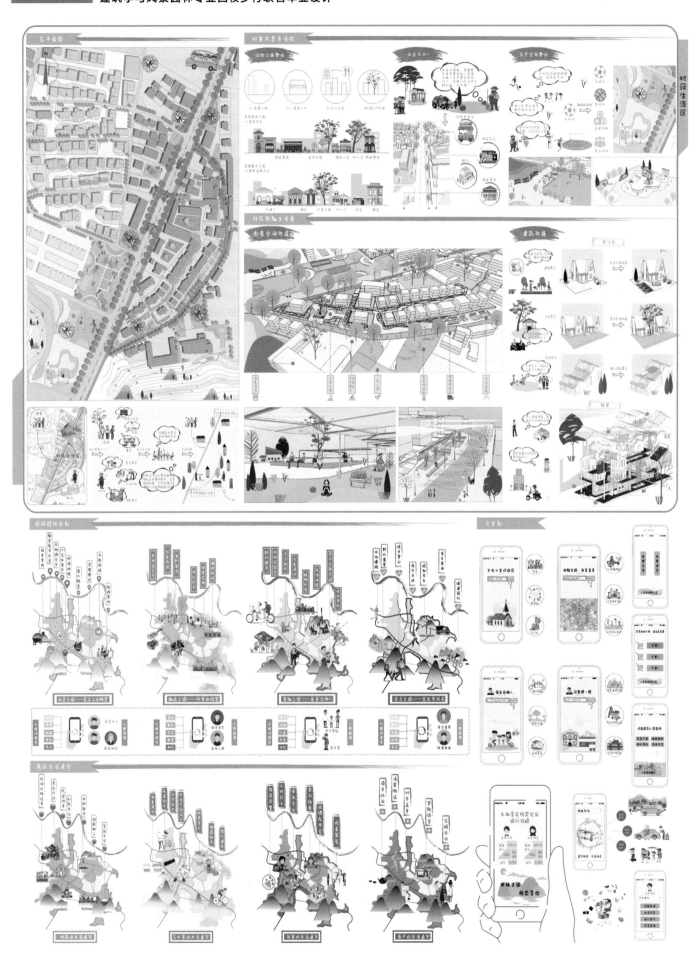

学生感言 STUDENT RECOLLECTION

城乡规划学
李 豪

走过武汉的冬末与初夏，在昆明的盛夏中结束了为期三月的联合毕业设计，一如武汉和昆明火热的骄阳，这次毕业设计带给我们的思考会在未来的日子里始终温暖我们。从城市的中心走到城市的边界，我们在这里感受文化的隔阂、社会的复杂与空间的破碎，说是城中村却也是村中城。传统的规划思维在这里被打破、被整合、被重塑，我们在这个过程中愈困惑、愈明朗、愈坚定自己作为一名城乡规划专业学子的责任与担当。三月的时间倏忽而过，直到结束时才感受到这次联合毕业设计的宝贵，忘不了和伙伴们因为方案而争吵，忘不了彻夜修改的图纸与汇报，更忘不了在陌生城市中的微醺与肆意欢笑，对这大学五年的最后一个设计，我们饱含着最大的热忱与善意。感谢每一位老师的辛苦付出与倾诚相授，感谢每一位队友的不言辛劳，也感谢每一位同学的满满热情，愿每一位伙伴都能以梦为马，不负韶华。

城乡规划学
秦婧雯

从 2019 年 2 月末第一次去武汉，再到 6 月初去昆明进行终期答辩，为期四个月的毕业设计使我受益匪浅。这次毕业设计对象是位于风景区内的村庄小李村，它拥有丰富的自然景观资源，却同时也因为景区的生态环境敏感度高，村庄的规划建设受到一定的限制作用。基于这个问题，我们这次规划设计时谨遵"低冲击"理论，对村庄实行微改造，不搞大拆大建。在不破坏村庄原始风貌的前提下，对村庄进行精雕细琢，实现社区营造，提高空间品质，提升村民的生活质量。同时，积极利用村庄周边的景观资源，将其引入村庄内，为村庄塑造良好的景观风貌，实现村景交融。

城乡规划学
牛 琳

非常荣幸能够参与本次的四校联合毕业设计，为自己的本科学习画上了圆满的句号。作为本科期间的收尾设计，在这次团队合作中，我也有非常大的感慨与收获。在本科期间，我参与过很多次竞赛，有时在团队中担任统筹的角色，有时跨学科竞赛，我也会尝试辅助者的角色。这本科阶段的最后一次团队合作，我们三个人都铆足全力，用心进行专题研究。这一次，也是我们首次尝试卡通插画风的出图方式，出图过程中，有过争吵，有过怀疑，但我们始终饱含着最饱满的热情和诚意。人生的道路上需要有不断的挑战，来成就更好的自己。再次感谢老师们这五年来的教导，感谢每一位同学的陪伴与鼓励。

成果展示

Achievement Exhibition

壹 小李村

贰 傅家村

叁 东头村

"美丽中国"视野下的景中村微改造规划设计

2019 城乡规划、建筑学与风景园林专业四校乡村联合毕业设计

桥梁社区 傅家村

生态文旅，产业兴旺

华中科技大学 Huazhong University of Science and Technology

参与学生：陈浩然　郭俊捷　王抚景
指导教师：洪亮平　任绍斌　王智勇

教师释题

　　桥梁社区的大李村、小李村、东头村和傅家村，既是景中村，也是城中村。这四个自然村湾紧邻武汉光谷核心商圈，周边高校和科研院所众多，且又处于武汉东湖国家风景名胜区内，自然山水资源丰富。东湖绿道串联起大大小小的湖光山色，旅游交通也十分方便。然而，现实中这四个自然村湾无论是村级经济、人居环境建设还是村庄治理水平都不十分理想。究其原因，政策制度设计相互掣肘，村级组织建设薄弱，村民思想保守落后，缺乏进取心是阻碍村庄发展的主要原因。

　　四校乡村联合毕业设计的初心，是为同学们走进乡村，了解乡村打开一扇窗口，提供一个机会。通过现场实地考察，入户访谈与村民互动，使同学对乡村的现实状况有一个真实的了解，对影响乡村发展的制度因素、管理、政策、现实条件和社会状况有所思考。尤其是对桥梁社区这样的城中村、景中村，区位条件和资源禀赋都这么好，如何在现实的制度环境条件下，找到一个发展的突破口，城乡规划到底能为乡村发展做些什么？这是本次毕业设计首先要思考的问题。

　　傅家村毕业设计小组同学们最终成果反映了他们所做的现场调查和对存在问题的思考。在对资源条件和发展优劣势进行分析的基础上，提出了桥梁社区产业发展的思路和产业空间布局方案，策划了各类旅游文化项目。并且在居住、旅游、文化、创意共生共融的理念下，选择村湾的公共空间和居住空间进行了微改造设计，试图通过创意性的空间改造，激活村湾现有的资源要素，提升村湾的人居环境品质与村庄活力，同时使村庄风貌通过改造设计更好地融入东湖绿道与景区风貌之中。

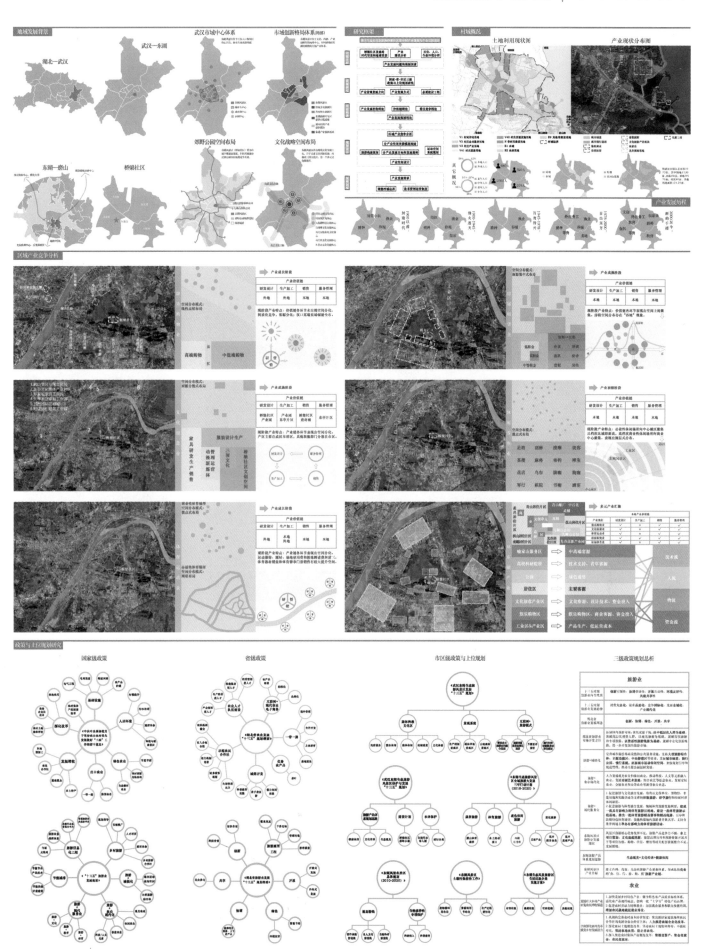

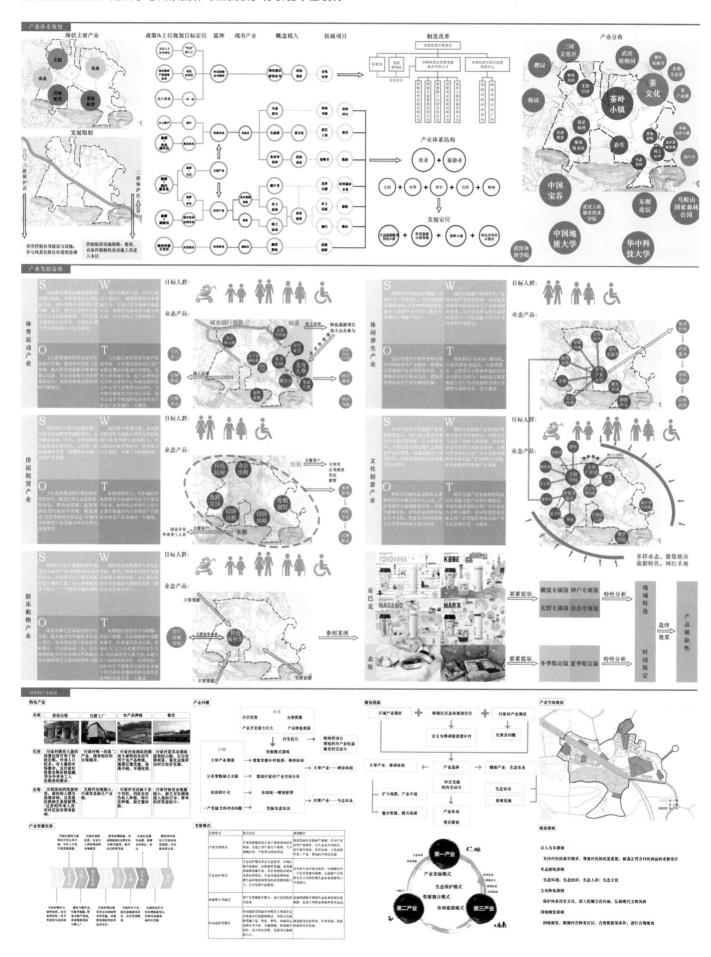

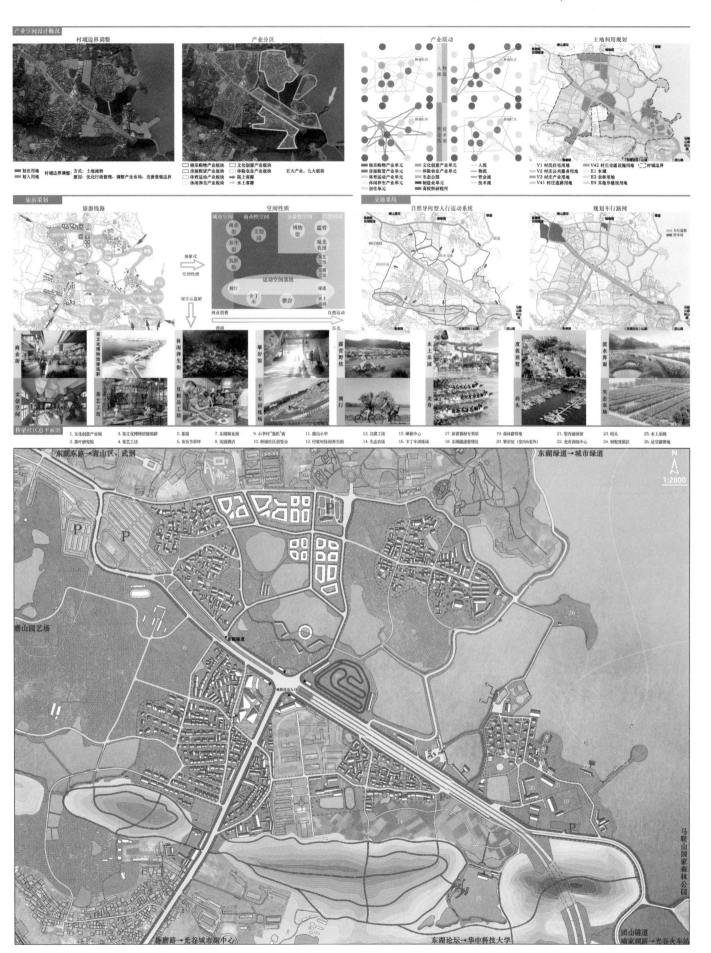

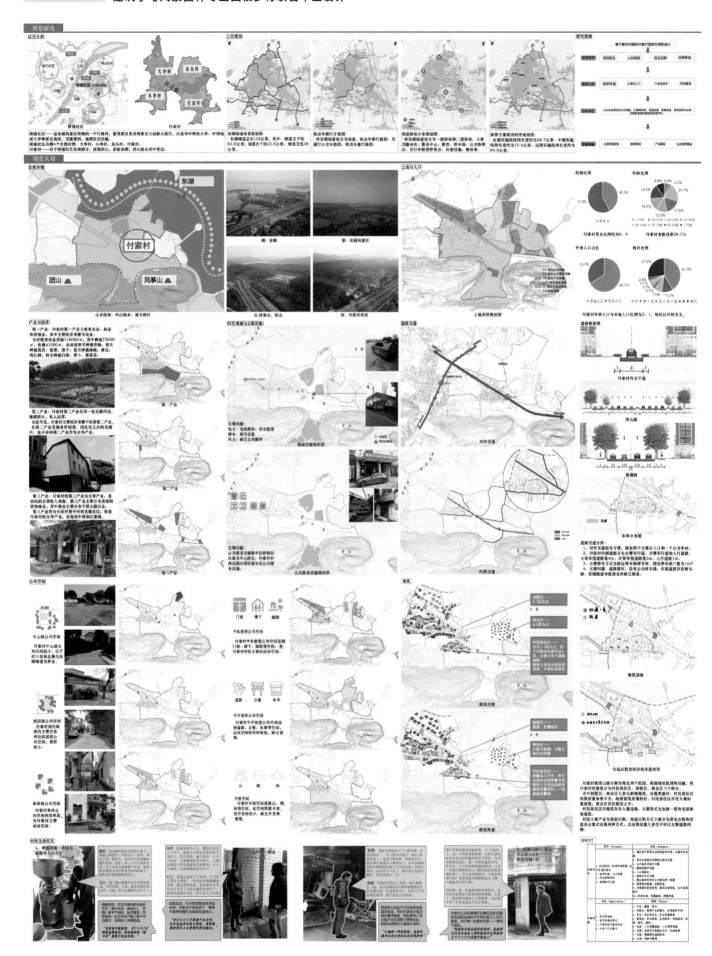

“美丽中国”视野下的景中村微改造规划设计 2019城乡规划、建筑学与风景园林专业四校乡村联合毕业设计

总体定位及发展策略

总体定位

村庄规划指引

规划策略

研究意义

上地利用规划
土地利用规划图

功能分区图

道路规划图

公服配套设施

规划结构图

绿道规划

完善公服配套

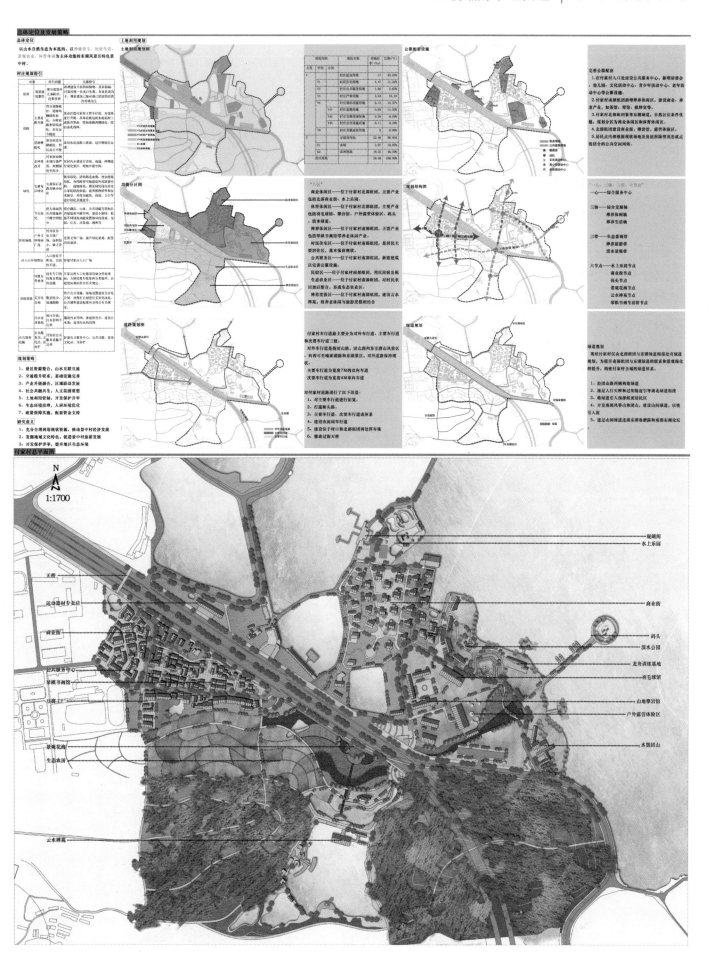

付家村总平面图
N
1:1700

天桥
运动器材专卖店
商业街
公共服务中心
琴棋书画馆
豆腐坊
景观花海
生态农田
云水禅苑

观湖阁
水上乐园
商业街
码头
滨水公园
龙舟训练基地
羽毛球馆
山地攀岩馆
户外露营体验区
水墨团山

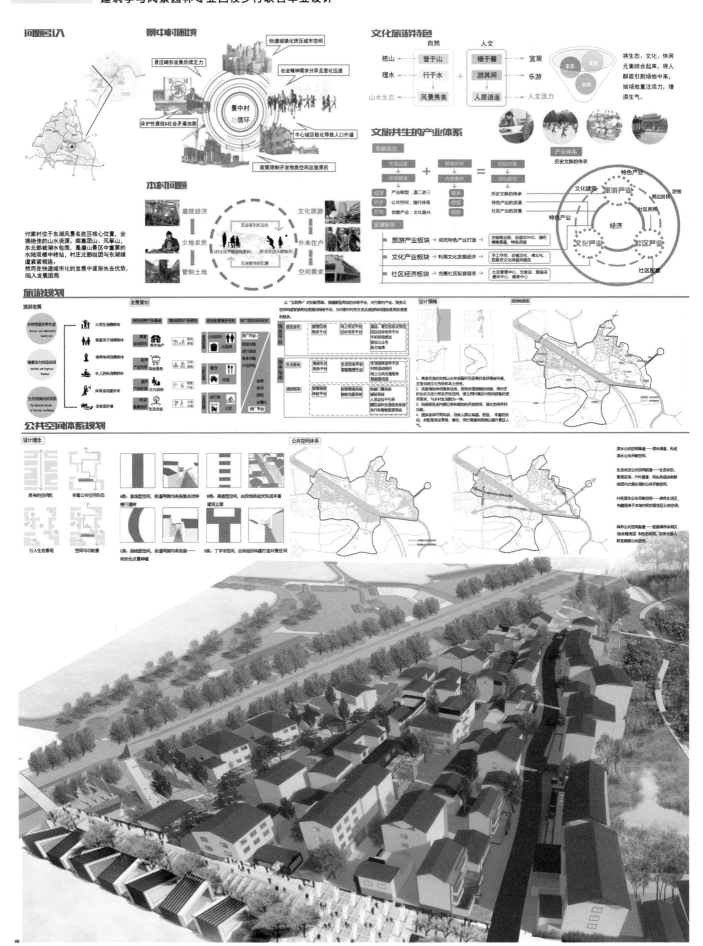

"美丽中国" 视野下的景中村微改造规划设计 2019城乡规划、建筑学与风景园林专业四校乡村联合毕业设计

问题引入

景中村困境

- 快速城镇化挤压城市空间
- 景区畸形发展后继乏力
- 社会精神需求分异且变化迅速
- 保护性衰败&社会矛盾加剧
- 中心城区极化导致人口外溢
- 政策限制开发物质空间改造滞后

景中村 旅循环

文化旅游特色

自然 / 人文

梳山 → 登于山 + 栖于麓 → 宜居
理水 → 行于水 + 游其间 → 乐游
山水生态 → 风景秀美 + 人居逍遥 → 人文活力

将生态、文化、休闲元素结合起来，将人群吸引到场地中来，给场地重注活力，增添生气。

生态 文化 体验

文旅共生的产业体系

发展背景
历史文脉的传承

本村问题

付家村位于东湖风景名胜区核心位置，坐拥绝佳的山水资源，南靠团山、风筝山，东北部被湖水包围，是南山景区中重要的水陆双栖中转站，村庄北部组团与东湖绿道紧紧相连。
然而在快速城市化的发展中逐渐失去优势，陷入发展困局。

庭院经济 / 少地农民 / 管制土地
文化旅游 / 外来住户 / 空间需求

- 旅游产业板块 依托特色产业打造
- 文化产业板块 利用文化发展经济
- 社区经济板块 完善社区配套服务

旅游规划

旅游发展 / 发展策划 / 设计策略

公共空间体系规划

设计理念 / 公共空间体系

原有的空间肌理 → 丰富公共空间形态

引入生态景观 / 空间与功能想象

A类：直线型空间，街道两侧均有房屋呈点状种植行道树
B类：高差型空间，由因地势起伏形成丰富建筑立面
C类：曲线型空间，街道两侧有房屋转折处点景观相随
D类：丁字型空间，由自组织构建打造对景空间

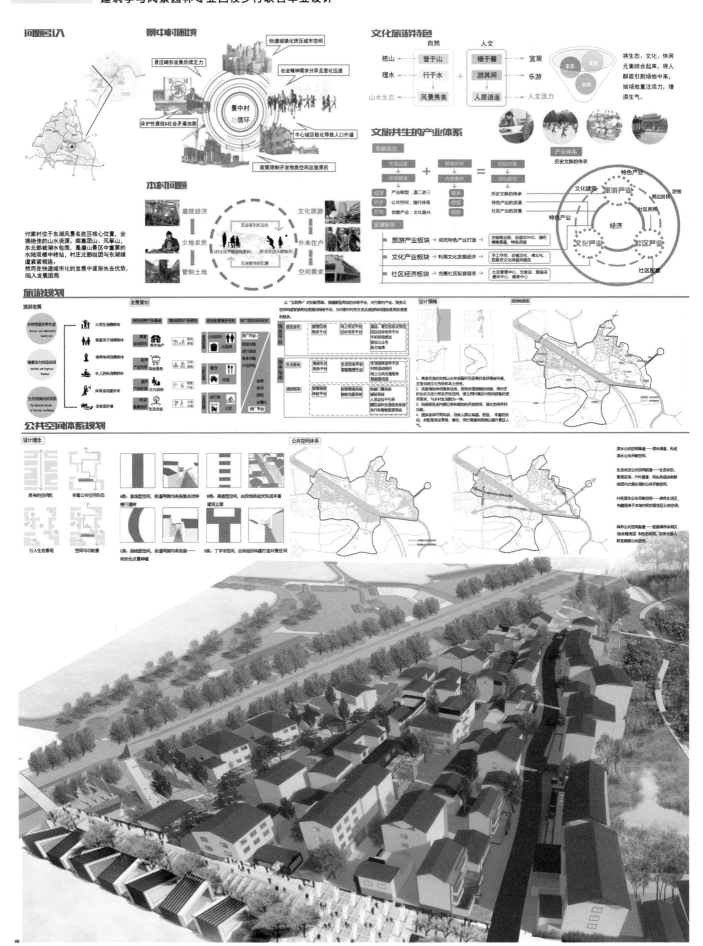

微空间现状

团山路

空间分类	形式	人群	使用方式	现状问题
条带状空间	墙根、屋檐下走廊	老人、妇女	聊天、晒太阳、摘菜	环境品质不佳，使用时间限制
节点空间	树下、门前、门厅	儿童及家长、牌友	儿童娱乐、打牌	活动空间不足，面积过小
不规则空间	转角、场院	司机	停车、储存杂物	空间割裂破碎，占用严重

建筑现状

建筑层数

建筑质量

1F 自修棚屋
2F/3F 自建洋房
4F 出租公寓

改造诉求

个体作坊
传统豆腐作坊改造为素食文化组团，集素食餐厅、茶馆、博弈馆、豆腐博物馆于一体

庭院车间
个体小工业生产设备升级，废旧设备淘汰、场院清理

院落改造
注重生产、生活、生态功能，明亮化安全化改造

出租公寓
成立村居委员会负责出租公寓统一物业管理，增加公寓内外公共空间

传统空间元素的提取
巷道空间
院落空间

传统空间的塑造

空间活动提取
民俗活动　散步　购物
观景　打牌娱乐　静坐
精神寄托　民宿　旅游

微空间节点改造

① 茶水榭
私有庭院过渡占用导致公共空间消极化

围绕树木资源开拓、修整庭院之间的空地。增加居民公共交往活动空间，村民可在此饮茶、谈天、锻炼

② 棋牌楼
原有棋牌室位于某出租公寓楼道中，环境差，空气不流通，面积有限，在废弃小商店楼顶建设

③ 宅塘园
废弃房屋和拆除院落留下废墟，难以利用，成为建筑垃圾、生活垃圾堆放

修整场地，种植树木花草，倡导村民共同参与建设绿植园林

④ 避雨亭

针对出租公寓内部活动空间不足的问题向外拓展立体交往空间

豆腐坊立面

⑤

豆腐文化中心

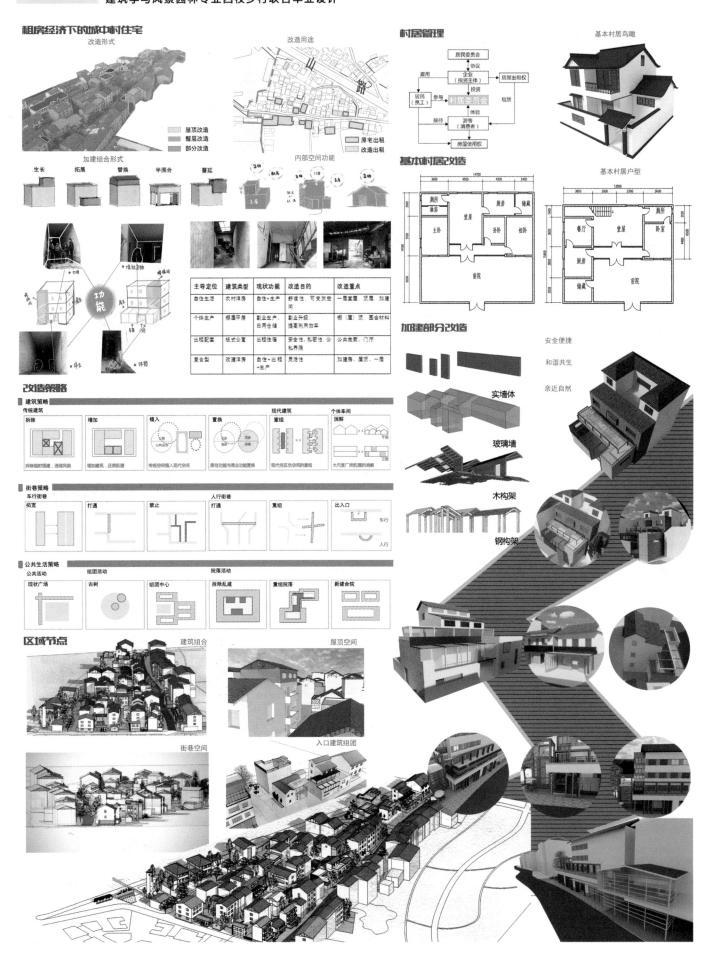

租房经济下的城中村住宅

改造形式

屋顶改造
整层改造
部分改造

加建组合形式

生长　拓展　替换　半围合　蔓延

改造用途

原宅出租
改造出租

内部空间功能

主导定位	建筑类型	现状功能	改造目的	改造重点
自住生活	农村洋房	自住+生产	舒适性、可变灰空间	一层遮蔽、顶层、加建间
个体生产	厂房平房	副业生产、日用仓储	副业升级、提高利用效率	烟(厨)顶、围合材料
出租配套	板式公寓	出租住房	安全性、私密性、公私界限	公共走廊、门厅
复合型	改建洋房	自住+出租+生产	灵活性	加建房、屋顶、一层

改造策略

▌建筑策略

传统建筑
拆除　增加　植入　置换
拆除临时搭建、还原风貌　增加建筑、还原肌理　传统空间植入现代空间　居住功能与商业功能置换

现代建筑
重组
现代住区负空间的重组

个体车间
消解
大尺度厂房拆卸的消解

▌街巷策略

车行街巷
拓宽　打通　禁止
人行街巷
打通　重组　出入口

▌公共生活策略

公共活动
现状广场
组团活动
古树　组团中心
院落活动
拆除乱建　重组院落　新建合院

区域节点

建筑组合
屋顶空间
街巷空间
入口建筑组团

村居管理

基本村居鸟瞰

居民委员会
协议
企业(投资主体) — 房屋出租权
雇用 投资
居民(员工) — 村居委员会 — 租赁
参与 体验
接待 游客(消费者)
房屋使用权
原宅出租
改造出租

基本村居改造

基本村居户型

加建部分改造

安全便捷
和谐共生
亲近自然

实墙体
玻璃墙
木构架
钢构架

学生感言 STUDENT RECOLLECTION

城乡规划学
陈浩然

　　很荣幸有机会参加这次四校联合毕业设计以结束本科的最后一个设计作业。为期四个月的四校联合毕业设计，我们感受颇多。此次毕业设计选址在武汉市东湖生态旅游风景区内的桥梁社区，我们组负责的村湾是位于桥梁社区东南部的傅家村，在二月底，我们小组与来自青岛理工、昆明理工和西安建筑科技大学的同学们一起进行了现状调研，对村湾有了初步的认知，也认识了来自不同学校、不同地方的朋友，了解了不同学校的学习方法，能够让我们互相学习交流，傅家村的调研给我留下了深刻的印象，让我对景中村有了更加清晰的认识。同时此次毕业设计最为感谢的是我们的指导老师洪亮平老师，洪老师从我们每个人的选题、设计到最后的成果都给了我们很多的帮助和建议，为小组成员的毕业设计投入了很多的精力。感谢我们小组成员在调研期间、作图期间的相互照顾与帮助，五年的生活本就让大家建立起了深厚的友谊，而这次四校联合毕业设计让大家变得更加亲近。大家在学习之余也收获了很多乐趣，同时还要感谢四校联合其他学校的同学们在调研期间的互相帮助。

城乡规划学
王抚景

　　毕业设计是对大学五年学习的总结和检验，在这个过程中有开始什么都想做的踌躇满志、中期五人变三人突涨的工作压力、后期快速出图的手忙脚乱，过程的曲折更加深毕业设计的意义。同时，参加四校联合乡村毕业设计让我们领略到四所学校规划人不同的气质，印象最深的是"西建大七仙女"和青理同学激越有声的学术探讨，追求真理的路上总有磕碰却因为同样的目标显得那么微不足道。在一次次精彩的交流中聆听和学习，打磨了自己的风格。总之规划因交流而精彩，希望四校联盟会越办越好！

城乡规划学
郭俊捷

　　作为大学期间的最后一次设计作业，联合毕业设计让我们结识了来自其他院校的同学，同时也让我们看见了中国传统乡村发展的困境。毕业设计检验了我们五年所学，是我们走上工作岗位的最后一次锻炼。毕业设计过程中，洪亮平老师和乔杰老师为我们尽心辅导，对我们的设计提出了诸多具体的修改建议，让我们的最终成果合理规范，向我们展示了规划师应有的责任感和工作态度。最后在昆明的毕业答辩，同学们的设计各有所长，展现了不同院校的特色。在昆明的两天里我们感受到了昆明人民的热情好客和云南特色的风土人情，特别要感谢昆明理工大学师生们的热情招待以及昆工校友的大力赞助。感谢这次联合毕业设计，让我认识了一群热情友好、勤奋进取、追求完美的小伙伴。希望在以后岁月里，大家能够保持初心继续前行，为中国的规划事业添砖加瓦，成长为一名优秀的规划师。

一方山水间

昆明理工大学　Kunming University of Science and Technology

参与学生：高　杨　王煜坤　李正达　宋光寿　潘启孟
指导教师：赵　蕾　杨　毅　李昱午

教师释题

　　本次联合设计重在激发毕业生的创新思维，基于"美丽中国"的战略背景，提出"景中村"规划设计的创意策划，针对武汉市东湖风景区桥梁社区傅家村的发展需求，深入挖掘乡村地方环境生态资源优势结合国家最新政策，围绕"景中村"的社会经济发展和物质空间环境微改造展开规划研究与设计。

　　本次设计旨在保留村庄总体格局的基础上进行符合"景中村"规划主题的村域规划和傅家村修建性详细规划设计。通过现有资源的有效整合、人居环境和生产模式的有机更新、生产—生活—生态之间高效发展模式的构建等发展方法来探索及确定村庄的整体发展导向，利用合理的设计手法，生成确实可行的发展策略，达到使村庄的文化、经济、环境紧密结合，共同发展的目的。

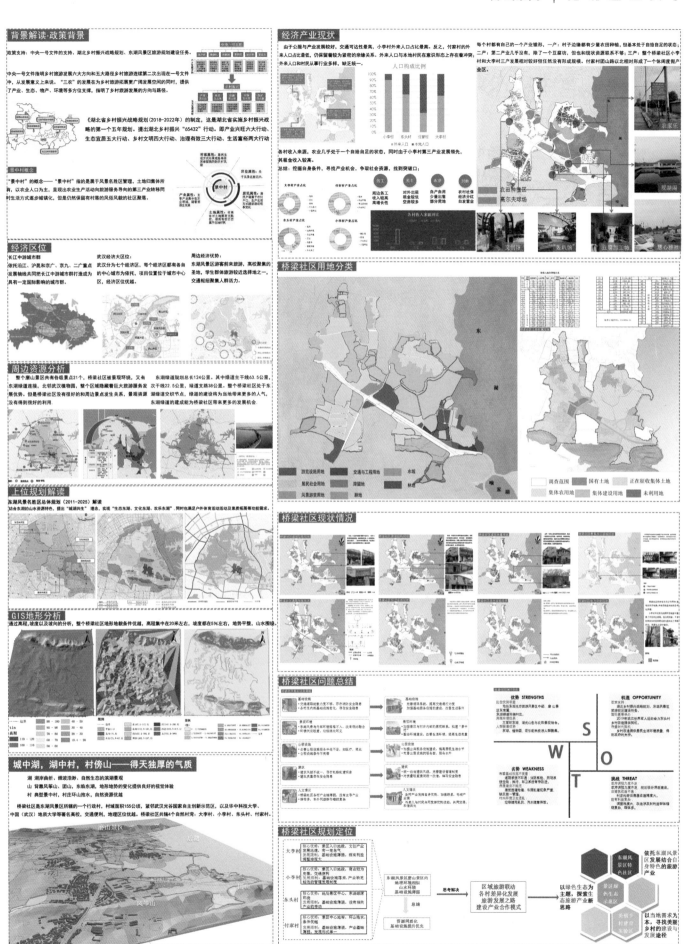

背景解读·政策背景

政策支持：中央一号文件的支持，湖北乡村振兴战略规划、东湖风景区旅游规划建设任务。

中央一号文件指明乡村旅游发展六大方向和五大路径乡村旅游连续第二次出现在一号文件中，从发展意义上来说，"三农"的发展在为乡村旅游拓展更广阔发展空间的同时，提供了产业、生态、物产、环境等多方位支持，指明了乡村旅游发展的方向与路径。

《湖北省乡村振兴战略规划（2018-2022年）》的制定，这是湖北省实施乡村振兴战略的第一个五年规划。提出湖北乡村振兴"65432"行动，即产业兴旺六大行动、生态宜居五大行动、乡村文明四大行动、治理有效三大行动、生活富裕两大行动

景中村概念

"景中村"的概念——"景中村"指的是属于风景名胜区管理，土地归村所有，以农业人口为主，呈现出农业产业向旅游服务导向的第三产业转移同时生活方式逐步城镇化，但是仍然保留有村落的风俗风貌的社区聚落。

经济区位

长江中游城市群
依托沿江、沪昆和京九、二广重点发展轴线共同把长江中游城市群打造成为具有一定国际影响的城市群。

武汉经济大区位：
武汉分为七个经济区，每个经济区都有各自的中心城市为依托，项目位置位于城市中心区，经济区位优越。

周边经济优势：
东湖风景区游客多前来旅游，高校聚集的圣地，学生群体旅游较透选择地之一，交通枢纽集集人群活力。

周边资源分析

整个屏山景区共有名胜景点21个，桥梁社区被景观环绕，又有东湖绿道连接，北邻武汉植物园，整个区隐藏着巨大旅游服务者。但是桥梁社区没有很好的和周边景点发生关系。景观资源没有得到很好的利用。

东湖绿道规划总长124公里，其中绿道主干线63.5公里，次干线22.5公里，绿道支路38公里，整个桥梁社区位于东湖绿道，湖绿道交织节点，绿道的建设将为当地带来更多的人气，东湖绿道的建设能为桥梁社区带来更多的发展机会。

上位规划解读

东湖风景名胜区总体规划（2011-2025）解读
站在东湖的山水资源特色，提出"城湖共生"理念，实现"生态东湖、文化东湖、欢乐东湖"，同时也满足户外体育运动活动与素质拓展等功能需要。

GIS地形分析

通过高程，坡度以及坡向的分析，整个桥梁社区地形地貌条件优越。高程集中在20米左右，坡度都在5%左右，地势平整，山水图绿。

城中湖，湖中村，村傍山——得天独厚的气质

湖 湖岸曲折，烟波浩渺、自然生态的演湖景观
山 背靠屏峰山、团山，东临东湖，地形地势的变化提供良好的视觉体验
村 典型景中村，村庄环山抱水，自然资源优越

桥梁社区是东湖风景区所辖的一行政村，村域面积155公顷，紧邻武汉光谷国家自主创新示范区，以及华中科技大学、中国（武汉）地质大学等著名高校，交通便利，地理区位优越。桥梁社区共辖4个自然村湾：大李村、小李村、东头村、付家村。

经济产业现状

由于公路与产业发展较好，交通可达性最高，小李村外来人口占比最高。反之，付家村外来人口占比最低，仍保留着较为紧密的亲缘关系。外来人口与本地村民在意识形态上存在着冲突外来人口和村民从事行业多样，缺乏统一。

各村收入来源，农业几乎处于一个自给自足的状态，同时由于小李村第三产业发展领先，其租金收入较高。

总结：挖掘自身条件，寻找产业机会，争取社会资源，找到突破口。

每个村都有自己的一个产业雏形，一产：村子边缘都有少量农田种植，但基本处于自给自足的状态。二产：第二产业几乎没有，除了一个豆腐坊，但也和现状资源联系不密切；三产：整个桥梁社区以小李村和大李村三产发展比较好但仍然没有形成规模。付家村团山以北相间形成了一个休闲度假产业区。

人口构成比例

人口构成比例

男工	女工	本业	付租
周边务工收入较高成长性	对外出租租金较低空房较多	自产自用少量出售部分闲地	农村中保经济外红自家置业

桥梁社区用地分类

东湖 / 喻家湖 / 调查范围 / 国有土地 / 正在征收集体土地 / 游憩设施用地 / 交通与工程用地 / 水域 / 居民社会用地 / 滞留地 / 林地 / 风景游赏用地 / 耕地 / 集体农地用地 / 集体建设用地 / 未利用地

桥梁社区现状情况

桥梁社区问题总结

优势 STRENGTHS	机遇 OPPORTUNITY
基础设施	建筑
景观优势	入村前
公服设施	

S / W / O / T

劣势 WEAKNESS | 挑战 THREAT

桥梁社区规划定位

大李村 / 小李村 / 东头村 / 付家村

东湖风景区屏山景区内地形环境相似，山水环绕，基础设施薄弱 → 区域旅游联动各村差异化发展旅游发展之路建设产业合作模式

依托东湖风景区发展结合自身特色的旅游产业

以绿色生态为主题，探索生态旅游产业新思路

以当地需求为本，寻找美丽乡村的建设与发展途径

桥梁社区规划策略

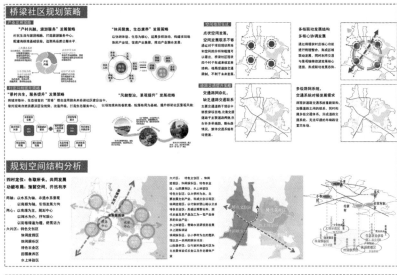

规划空间结构分析

桥梁社区总平面图

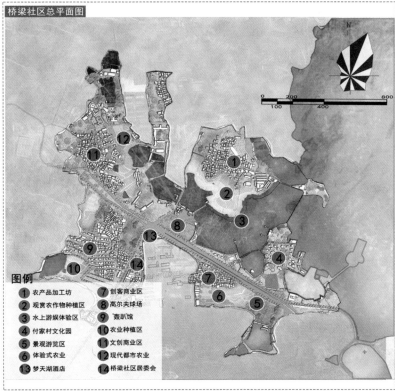

图例

1 农产品加工坊
2 观赏农作物种植区
3 水上游娱体验区
4 付家村文化园
5 景观游览区
6 体验式农业
7 创客商业区
8 高尔夫球场
9 蛙趴馆
10 农业种植区
11 文创商业区
12 现代都市农业
13 梦天湖酒店
14 桥梁社区居委会

产业更新发展

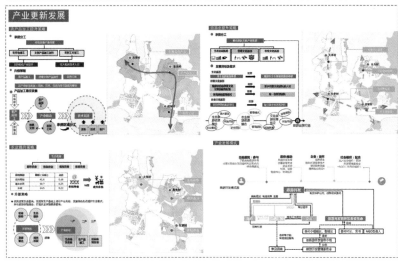

付家村规划设计

付家村总平面图

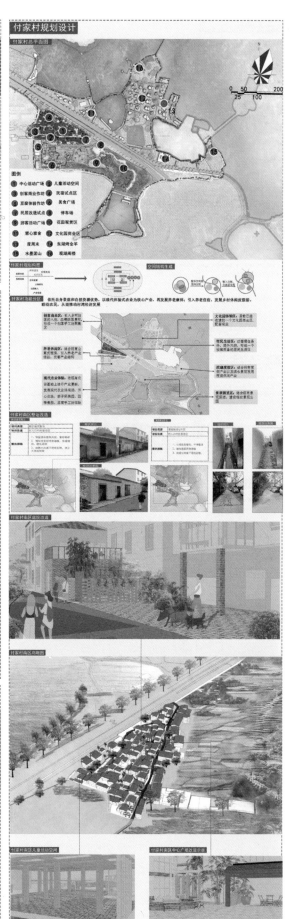

图例

1 中心活动广场
2 创客商业作坊
3 豆腐体验作坊
4 民居改造试点
5 游客活动广场
6 慧心学堂
7 度周末
8 水墨青山
9 儿童活动空间
10 民宿试点区
11 美食广场
12 停车场
13 花田观赏区
14 文化园金金
15 东湖烤金羊
16 观湖阁楼

村域规划图

拆除道路两侧的简易建筑为道路拓宽创造条件，并将村庄干路宽度拓宽至4.5米或5.5米，道路平面达到微环线，没有条件环通的设置回车场。

通过拆除路边简易建筑形成的空间可以作为停车和停车空间。

慢行系统规划：将村内较窄的道路规划为人行道路以满足村民安全与静谧的需求，并避免机动车进入堵塞，加强村内道路与村道之间的连接，形成统一的慢行系统。

道路修整：村内慢行道路两旁青石板铺设，与东头村田间的慢行道路按照东湖绿道的方式铺设游青，以使两者更加协调。

通达、美观、景村融合

排水采用雨污分流的方式进行，污水通过地下管网汇集污水收集箱，处理达标后就近排放，有条件的利用现地进行生态净化后排放，雨水通过地下管道排入附近农田与水池。

雨污分流，先处理再排放。

为方便游客与居民，在村域内按照公共卫生间300米、垃圾收集点150米的服务半径设置公共卫生间与垃圾桶，并对垃圾收集点进行美化。

充分覆盖，卫生美观。

将输电线路埋入地下并使用箱式变压器解决线路杂乱的安全和美观问题，对照明达不到要求或照明设施简陋的路段采取5米一个的间隔加装路灯。

电线下地，安全美观。

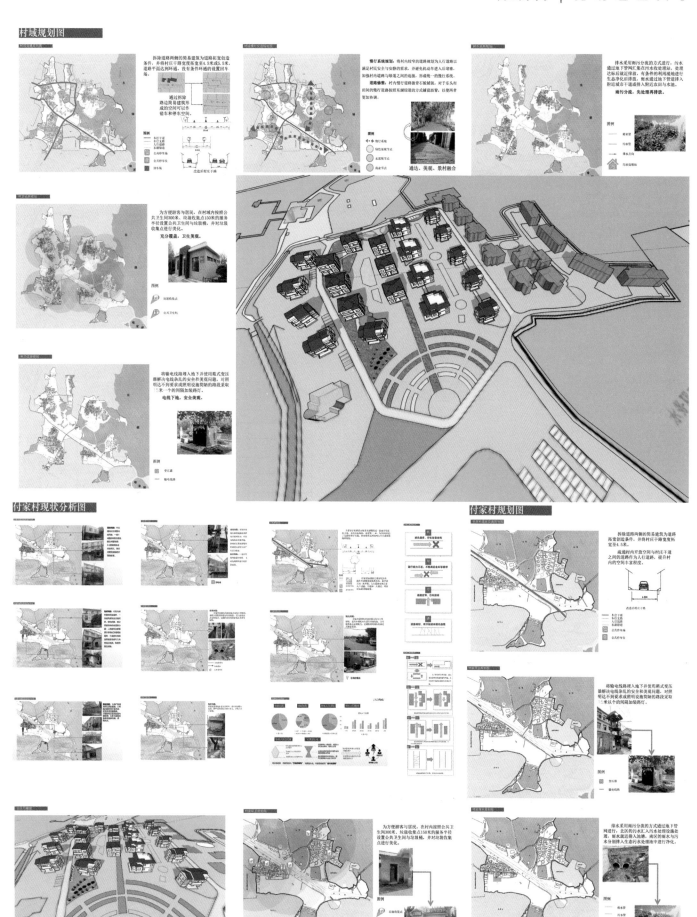

付家村现状分析图

付家村规划图

拆除道路两侧的简易建筑为道路拓宽创造条件，并将村庄干路宽度拓宽至4.5米。

疏通村内开放空间与村庄干道之间的道路为人行道路，提升村内的空间丰富程度。

将输电线路埋入地下并使用箱式变压器解决线路杂乱的安全和美观问题，对照明达不到要求或照明设施简陋的路段采取5米以下的间隔加装路灯。

为方便游客与居民，在村内按照公共卫生间300米、垃圾收集点150米的服务半径设置公共卫生间与垃圾桶，并对垃圾收集点进行美化。

排水采用雨污分流的方式通过地下管网进行，北区的污水入污水处理设施处理，雨水就近排入池塘，南区的雨水与污水分别排入生态污水处理池中进行净化。

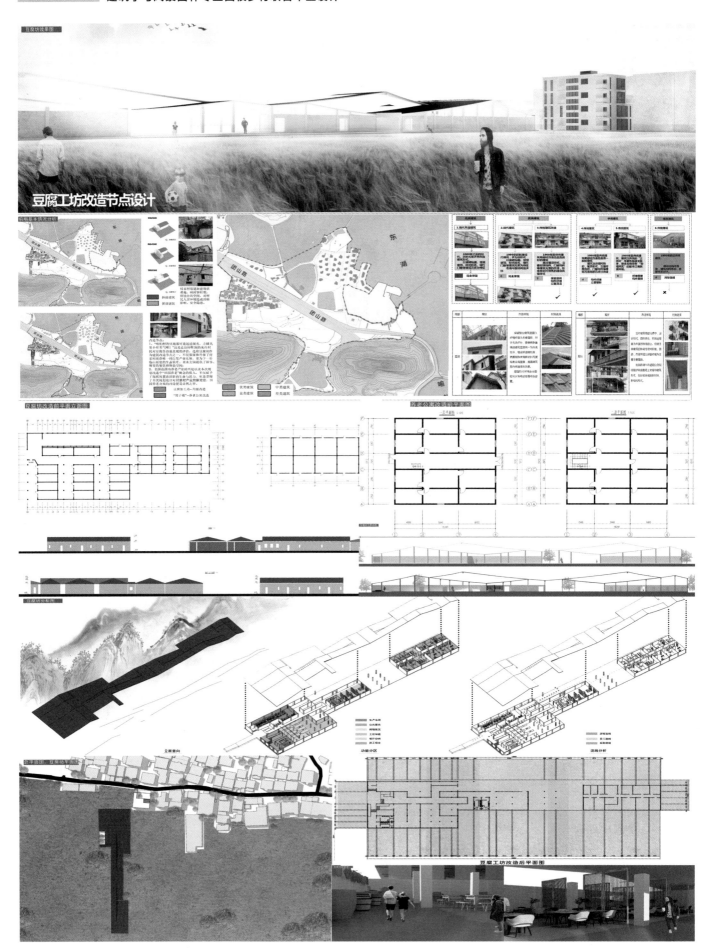

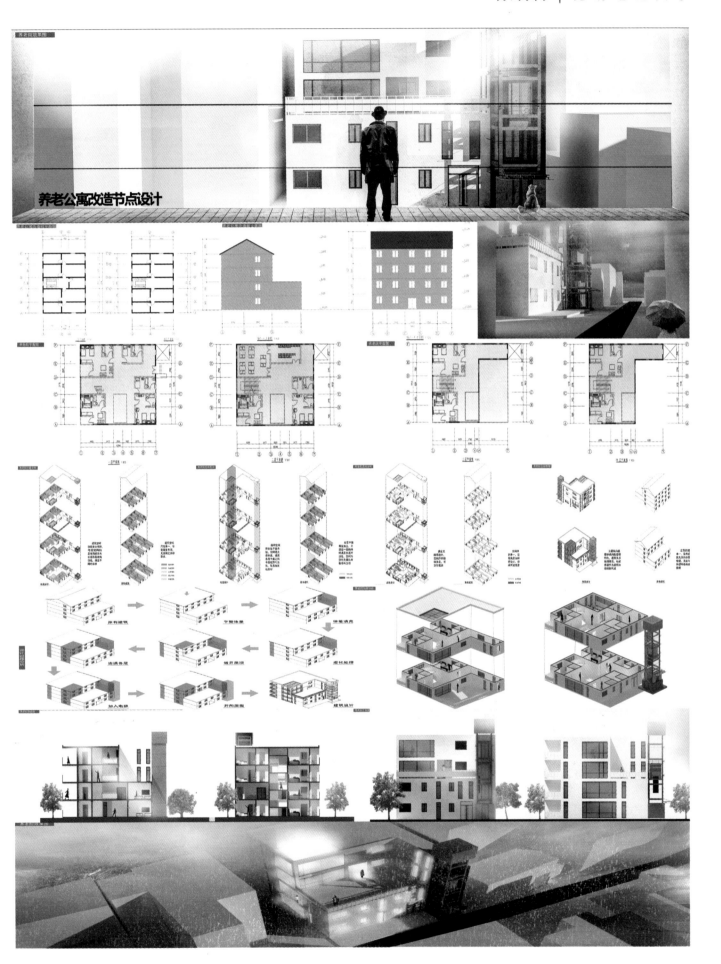

养老公寓改造节点设计

"美丽中国" 视野下的景中村微改造规划设计　2019城乡规划、建筑学与风景园林专业四校乡村联合毕业设计

背景解读

背景引入

存续时代需求：
乡村改造提供居民生活环境质量，得到政府的支持。

"景中村"：
为地处名胜风景区范围内的乡村（村庄），具有"景"与"村"的双重属性，既是风景名胜区的重要组成部分，也是乡村的一种特殊存在形式。

政策支持：
湖北乡村振兴战略规划、东湖风景区旅游规划建设支持。

湖北政策背景引入

《湖北省乡村振兴战略规划(2018-2022年)》的制定，这是湖北省实施乡村振兴战略的第一个五年规划。提出湖北乡村振兴"65432"行动。即产业兴旺六大行动、生态宜居五大行动、乡村治理四大行动、治理有效三大行动、生活富裕两大行动。

武汉"十三五规划"中围绕景中村政策路线处、按照"加快改造、严控三线、优化管理"的总体思路，以东湖通道、东湖绿道建设为契机，加快实施景中村改造，推进景村一体化建设；强化东湖及地区控制管理；优化风景区旅游、交通、暖赛、管理等各项功能；优化风景区旅游、交通、暖赛等功能体系。

东湖历史概况

北宋时，大文豪苏东坡在凤凰府任签书判官时，偶号修绣花堤饮建筑风址、楫柏碑、栽蕙荫，修筑菱子亭、宛古亭、蓄雨亭等等所的亭台楼榭。苏轼或城东门只有二三十步远，又或名为东湖，延续至今一千年历史。苏东坡在杭州修绣了西湖，因而东湖与西湖称姊妹湖，入首西湖水、东湖柳。

山脉　水脉　风脉

东湖地质雄景构造变化挤压形成两山一湖的地势结构，实观清水入湖江、地处中区防带北峰，季四草豆同气候黑季，四学分明，春季东北风和夏季东南风较偏秀。

经济区位

在武汉大区位经济中，东湖风景区处于核心主城。主要定位以商金融服务、文化创意、旅游。在旅游方面东湖处于主要地位，桥梁社区位置集聚，人群聚集形式多样，具有经济优势和人脉优势。

桥梁社区基本概况

桥梁社区是东湖风景区所辖的一个行政村，村域面积15548 38.7178平方米，紧邻改湖谷国家自主创新示范区，距华中科技大学、中国（武汉）地质大学等著名校区，交通便利，地理区位优越。桥梁社区共辖4个自然村湾：大李村、小李村、东头村、付家村。其中大李村已被列为该区2019年第七届世界军人运动会城市改造项目，已完成微改造修建性详细规划和施工图设计。

桥梁社区现状排污系统

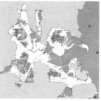

排给水系统：
第一种情况为明沟/暗沟排放但形成系统的排水方式，在使用过程中存在缺乏管理、排污能力低、且清淤度较差。
第二种情况：随地堆放随地放的污水，影响路面人行，同时雨天容易造成黑臭水等情况的发生。

现状产业布局

现状产业特点：
每个村都有自己的一个产业据点，一产：付家村周都有少量农田种植，但基本处于自给自足的状态；二产：第二产业几乎没有，除了一个豆腐坊；三产：桥梁社区小李村和大李三产发展相对较好但任然没有形成规模。

1.农家乐　2.龙湖湾　3.婴心教会
4.文创馆　5.麻衣堂　6.豆腐坊

人口构成与收入来源分析

人口构成

收入来源

由于公园与产业发展较少，交通可达性差，小李村的外来人口占比最高。反之，付家村的外来人口占比最低，仍留窗留较为紧密的邻诸关系。外来人口与村村民存在竞争冲突关系。外来人口和村民从事行业多样，缺乏统一。

公共空间及绿化现状

现状村域公共空间较少，大多存在建筑与建筑之间，少部分为公共空间绿化较少，早有古树名木，树木大多以行道树形式存在。

村域规划意向

根据桥梁社区四个村子的不同特点划分不同的景观，依据自己的位置发展不同的产业。

意向图：文化景观
意向图：特色风情
意向图：滨水风光
意向图：生态农业

景观改造策略

农田改造与污水治理

付家村现状农田较分散，在规划设计中将中部污水通过生态净化一处通后流入跌水公园后，农田改造通过农田的重新划分使其更整齐化，并且有不同的功能。

农田改造：通过农业增加值的挖掘，将传统农业转型为体验式农业，成为富有情趣体验的农业。将零散的农田规划化，规模化，生态化。

污水治理：通过收集村庄的生活用水汇集于农田，建立生态湿地，通过植物净化与分解将生活污水与雨水都收集利用，灌溉农田等，再以入污水处理站。

公共空间改造

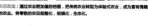

付家村现状无室外公共休闲娱乐空间，在外来人员居住较为密集的地方利用原有空地修建公共娱乐场所，供居民饭后休闲、交流。

村庄内部节点改造：村庄内部公共空间较少，导致可以规划设计的空间较少，但有部分公共空间可以规划设计作为内部空间进行。

入口节点设计：村庄入口节点有空地，可以规划设计为一个入口广场，主要以规划作为内部景观的转折引导作用以及作为标识性的作用。

共服务设施设计

付家村公共服务设施较少，增加付家村村公案设施，包括指示牌、导视里、垃圾桶、休闲座椅等。

座椅设计：主要以休息为主，利用所地和场地设计一方便实用的座椅。

标识及垃圾桶设计：标识系统主要以木制为主，与自然环境相吻合，垃圾桶设计要符合乡土气息。

付家村现状分析

风貌分布分析

现状问题：付家村范围内并无公共厕所，需在规划设计中完善。图中付家村的单层行庙少，多集中在好了庙侧。

环卫设施分布

现状问题：付家村范围内垃圾坦坦回收点均为小型规模、采用小型机动车进行垃圾收集，其垃圾收集点运转能力、运辖距离地能较好满足其服务范围。

排水设施分析

付家村排水主要是自然排水，雨水与生活污水则流入农田，再入入城市管网，村内有一个污水处理厂。

餐饮设施分析

现状问题：餐饮设施只分布在付家村的北部，由于道路的阻寒道这些设施并不能服务于付家村本地的居民，但这些设施的相应性较高，便捷的交通使其成为东湖景区的旅游服务设施。

付家村产业现状分布

重点地段分析

建成卓详细规划范围主要于村庄北侧地段、位置位邻东湖、景色优美，道路通道畅畅，配套设施较较好，内几类：1.公共游憩：为规湖附属工程，配套环境绿、公共承载，享都喜喜喜。2.度假休闲区：集餐饮、居、娱乐、观光为一体的综合园型。3.中心公园：为则配工程，庞大场，广场，停车，体育为一综合能。4.菜场与育苗地：场地内均杂种植蔬菜和幼苗，地形为约5×10m的长方形。5.果地：现状村庄部主要种植白菜、紫菜，易萝等经济用菜。6.水库：水库与村周围联系较疏，但自然条件较为优越。

场地视线分析

场地北部村庄视线较好，且临东湖，山、水、村融为一体，又可以观湖地、度园来、水墨团山等几个景观点，场地视线较好。景观最好的北区以观湖景观和远山景观为主。

场地问题分析

（宏观）
1.场地被团山公路分割为南北两个组团。问题：团山公路横跨穿村行且，将南北村庄被分割成不同区域，且基部较比人、北部基本上各方区已经消薄，环境差、建筑密度较高。

（中观）
2.场地没有设计公共停车场，车辆乱停乱放。问题：付家村范围内没有公共车场，车辆较多，导致少量道路被车辆占用，尤其风光水情况最为突出，游客停车，村民停车成了一个一诸难题问题。

（微观）
3.场地污水直接排入农田。问题：付家村南部村生活污水几乎都是自然排到低处的农田，再由农田渗入地下。这不仅影响农田环境，对当地地下也带来一定污染。
4.农田种植墨与利用混乱。问题：农田里墨有育苗和各种蔬菜，由由于没有统一规划种植导致视觉效果不好，许多苗本较多管理。

场地问题解决策略

策地1.新建停车场
北部新建居住中心的广场有较好的停车场。在北部村庄入口不远处，可以规来新行庄作停，南部村庄在规规划的临工广场附近规划设计一个供停车和村民停车的停车场。
策略2.在原有农田上规划设计生态农园。
在不改变原有农田的基础上规划设计计大农场、设计黑田
策略3.建立生态净水河流。
在农田底近对有规的一测通立一个生态湿地净水河，不仅可以净化生活污水，净化后的污水排入跌水公园，再以入城。

服务人群分析

付家村现阶段主要服务于本地居民和相亲，可以达到1：1，游客节行停车场较少，不同年龄对空间的需求不同，应该权衡各、旅者、村民三个群体的需求，并运用规规划设计当中进。

（表格）
	不同年龄对空间的需求
小孩：喜欢场所探索，与家长孩子运动，喜欢小区。	
青年：降低工作压力，在日居放飞自的身心，寻找理想。	
老人：希望有活较交流的空间，体验自然村。	

功能分区规划

依托自身景观和自然资源区位，以现代体验式农业为核心产业，再发展养老养生；引入水景住宅，以提升休闲度假氛围，联动政府，从而推动村行建设协同发展。

文化度假休闲区：目前已成为的一个文化园商业区：在现有农田基础上进行文化更新，发展现代文化休闲度。
养老养生休闲区：结合现有资源，建设相应康养区，引入养老养生公寓与庭院，引入乡村产业进驻，完善产业链构建。
手工艺特体验区：在现有豆腐基础上进行改造完善一个以种植创新为特点的一个过渡体验区。
创意商业区：引入乡村创新的入住，改善院落景观，形成一个创意手工豆腐集市区

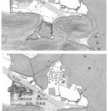

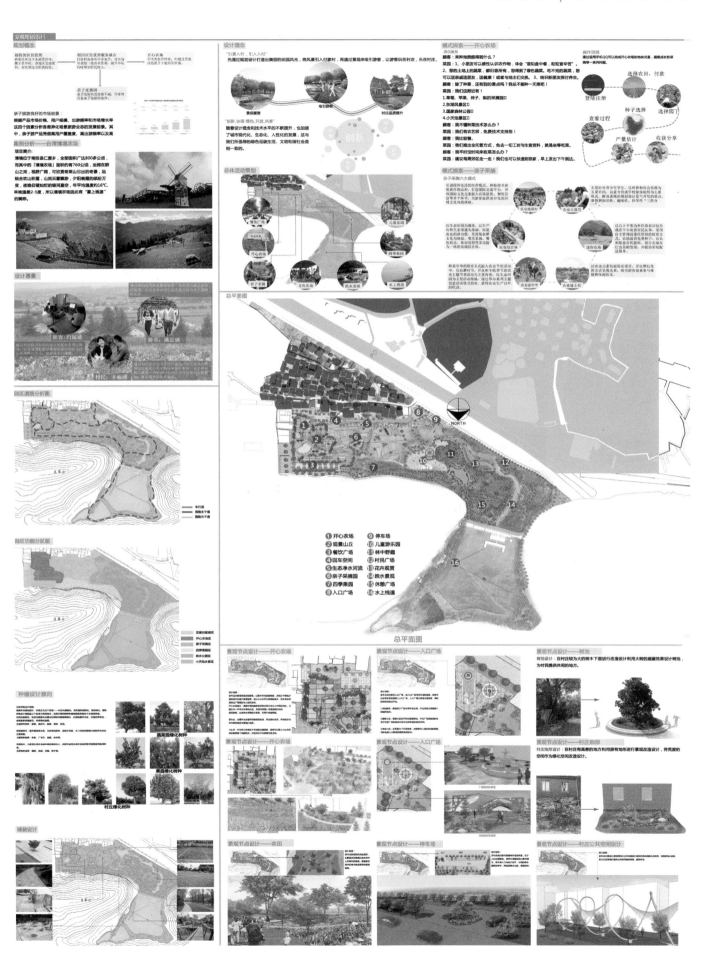

景观分析

景观基质分析

图例 林地 基桔树 农田 苗圃 水域

南部村庄绿化较为缺乏，多为庭院树，严重影响了村庄的环境，农田菜地里散布着一些育苗地，凤凰山脚为两个育苗台地，北侧多为行道树，村庄背靠的凤凰山为其周边主要绿化。

主要植物分析

香樟　广玉兰　桂花

樱花　大叶女贞　梓树

睡莲　半夏草　野菊

结香　连翘　栀子花

景观节点分析

基桔树　　　农田　　　　苗圃　　　环水基地
村庄内部房屋建筑物等密集种植，房前屋后零散的分布有一些基桔树，以香樟为主。　农田产业的作物带来的钱是一些人家的主要经济来源，主要有紫菜、白菜、莴苣等。　由于村庄产业特殊，部分农田成为了下育苗基地，主要栽玉兰、樱花、栀子树等。　村庄环水基地，有大面积的林地，主要绿地点在在嘉进山脚一侧。

SWOT分析

◇ 环境：村庄环水靠山，山水景色秀美。
◇ 景观资源：村庄紧邻东湖，环绕景点，村庄北侧已初步建设出临湖景观。
◇ 交通：村庄临近城市的主干道团山路及东湖绿道，交通便利，可达性强。

◇ 卫生：村子内部卫生较差，垃圾乱扔的现象随处可见。
◇ 景观整体性：村子被团山路一分为二，景观带断裂。
◇ 空间：村子可利用景观空间小而少。

S　W

◇ 难度：空间少，景观改造修饰难度大。
◇ 用地：本次景观设计，占用农田较多，平衡两者比重难度大。
◇ 资源：景观资源价值级别较低，没有核心资源。

T　O

◇ 东湖：东湖绿道的建设加强了村子的可达性和景观连续性。
◇ 政策："景中村"改造计划实施，加强了村子与景点的联系，完善了景观配套。

方案设计

设计定位

形象口号：亲水人家，景村相合

旅游服务　青山绿水　田园人家

村家村具有"景"与"村"的双重属性，既是风景名胜区的重要组成部分，也是乡村的一种特殊存在形式。正是其特殊的区位及属性特征，决定了景中村社会经济发展和空间环境建设的局限性与独特性。

蓝为水，绿为山，红为火，外围似龙，山如壁，凿出水，山水之间美人家，日出江花红胜火。

功能定位：以"景中村"建设为契机，依托有利的区位优势、便捷的交通环境、丰富的自然旅游资源和地域特色农业产业优势，发展观光农业和旅游服务业，将村家村打造为"都市生活后花园、农业体验游乐园"，建设成为景中村的"示范村"。

发展策略

核心问题

1、如何从外部和空间上的改造，提高村庄的整体形象，达到村就悦目沁调美？

2、如何在村庄内创造舒适宜人，环境优美的居住区，打造村容整洁环境美？

3、如何提高村集体与村民的收入，创建村强民富生活美？

4、如何提高村民的文化素质，建设村风文明身心美？

5、如何建立完善的管理机制，完善服务设施，最终走向村德民安和谐美？

发展策略

策略一：发挥特色农业产业优势，营造田园生活气息
依托村家村特色农业产业优势，将农业种植和休闲观光相结合，努力营造宜居的田园生活场景，和谐宜居的田园生活场景，成为都市人休闲度假的乐园，体验农家生活的菜园。

策略二：引入新观念、新思路，加强精神文明建设
加强景观建设工作，建设生态休闲公园及景观娱乐场地。

策略三：微大做强休闲旅游业与相关服务业，创建富美家园
借助"景中村"改造工程的实施，全面实现村庄美化、旅游整体化、产业连动化的发展模式，完善景观建设，共建富美家园。

服务人群

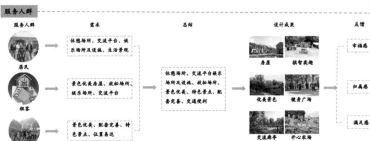

服务人群	需求	总结	设计成果	反馈
居民	休憩场所、交流平台、娱乐场所及设施、生活景观	休憩场所、交流平台娱乐场所及设施、放松场所、配备完善、交通便利	房屋　棋智奕趣	幸福感
租客	景色优美房屋、放松场所、娱乐平台		优美景观　健身广场	如属感
游客	景色优美、配套完善、特色景点、位置易达		交流麻辛　开心农场	满足感

案例分析

方案启发：多种多样的设计手法和构思，塑造各种场所是次设计的最大亮点。
a、对地形置造的灵感，启发我设计了"凹凸世界"。
b、孩子游道打闹需要复杂的场地来帮他们增加趣味性，这使我设计了"欢乐迷宫"节点。

功能结构构思图

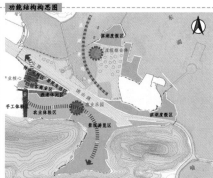

规划形成："一轴、一带、三核心、八片区"的功能结构布局。

"一轴"：产业连动轴
"一带"：滨湖景观带
"三核心"：产业核心、农业乐园、度假综合体
"七片区"：特色民宿区、居民生活区、创客离业区、养老休闲区、手工体验区、农业体验区、景观游览区、滨湖度假区

景观规划总平面图

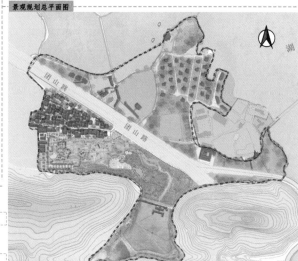

设计说明

本次景观设计因场地问题分为两部分，村庄北侧现在已经基本完成建设，主要为沿着水库水岸打造的滨水景观带；村庄南侧为主要设计场地，分为三个景观组团：村幕景观、农田景观、公园景观。村幕主要为立面美化和小节点设计，农田由有机农场、亲子采摘、四季果园构成，公园组成部分分为儿童乐园、跌水连环、亭榭建筑、棋智奕趣、水上人家、豫家叶等，结构单，功能齐全。

学生感言　STUDENT RECOLLECTION

城乡规划学
高 杨

　　首先，感谢联合毕业设计期间三位老师的耐心指导，从这三位老师身上学到了很多。通过这次毕业设计，更多地从全面发展村庄经济的视角出发解决问题，摆脱了之前空想的设计形式。这次毕业设计更注重设计的实用性与可实施性，解决问题的手法得到了很大的提升，同时通过这次毕业设计我也知道了设计得从实际出发来解决问题。

建筑学
潘启孟

　　联合毕业设计终于画上了圆满的句号，在设计工作的完成以及同其他三所学校师生的交流学习中，我都收获了宝贵的人生财富。懂得了"纸上得来终觉浅，绝知此事要躬行"的道理。不仅培养了独立工作的能力，也提升了团队协作的意识，相信会对今后的学习工作生活产生非常重要的影响。最后特别感谢三位指导老师对我的悉心指导，以及队友的帮助和支持。

风景园林学
李正达

　　在没有做毕业设计以前觉得毕业设计只是对这几年来所学知识的单纯总结，但是通过这次做毕业设计发现自己的看法有点太片面。毕业设计不仅是对前面所学知识的一种检验，而且也是对自己能力的一种提高。虽然这个设计做得也不是很好，但是在设计的过程中所学到的东西是这次毕业设计最大的收获和财富，使我终身受益！

城乡规划学
王煜坤

　　这次的联合毕业设计终于圆满结束了，这次设计的圆满完成我要感谢各位指导老师的认真指导，也依靠着同学们的互相合作，在这次毕业设计 的过程中我体会到了团结协作的重要性，也加深了对村庄规划的认识。

风景园林学
宋光寿

　　通过这么长时间的努力，终于有了结果。在这期间有过攻克难关的笑容，也有过遇到困惑的愁苦，但是现在都已经不重要了，现在有的只是喜悦。经过几周的奋战我的毕业设计终于完成了。在整个设计过程中我懂得了许多东西。培养了能力，树立了信心。通过这次毕业设计，我才明白学习是一个长期积累的过程，不断调整，努力提高自己知识和综合素质。

西安建筑科技大学 Xi'an University of Architecture and Technology

参与学生：陈柯昕　陈　元　李晓舟　吴　倩　王熙格　王羽敬　张亚宁
指导教师：蔡忠原　段德罡　王　瑾

教师释题

　　今年是乡村四校联盟第二轮的开局年，基于四年积累，对于乡村规划有了新的思考。此次基地位于武汉东湖景区，主题是"美丽中国"背景下景中村的微改造，侧重以村民参与为核心的乡村经营，通过"调研—规划—设计—运营"以强化"发现问题—解决问题"的实操能力。

　　桥梁社区之于东湖景区，幸亦不幸哉。幸，是因为村庄周边拥有高品质的自然资源，不幸，是因为景区对于村庄发展有诸多限制。村庄发展最关键的是人，20世纪90年代桥梁社区的人凭借开拓进取的意志，挖鱼塘、搞开发，筑造当年辉煌；现如今，村民一边以租房为生，一边抱怨政府、故步自封。因此规划重点是如何转变村民的观念意识，如何借助资源转型发展，把村庄的不幸变为有幸。我们希望，乡村规划是融入制度设计＋策划运营＋空间设计于一体的规划，拒绝套路，多些实操，是乡村规划的要义。

　　诚然，村是景的一部分、景是城的一部分，村庄发展要符合城市和景区的需求，也许桥梁社区若干年后会成为东湖景区的一处重要景点，也许在若干年后已被淹没在城市发展的洪流中，历史发展总是有很多偶然因素，但是村庄也是要有梦想的，万一实现了呢？

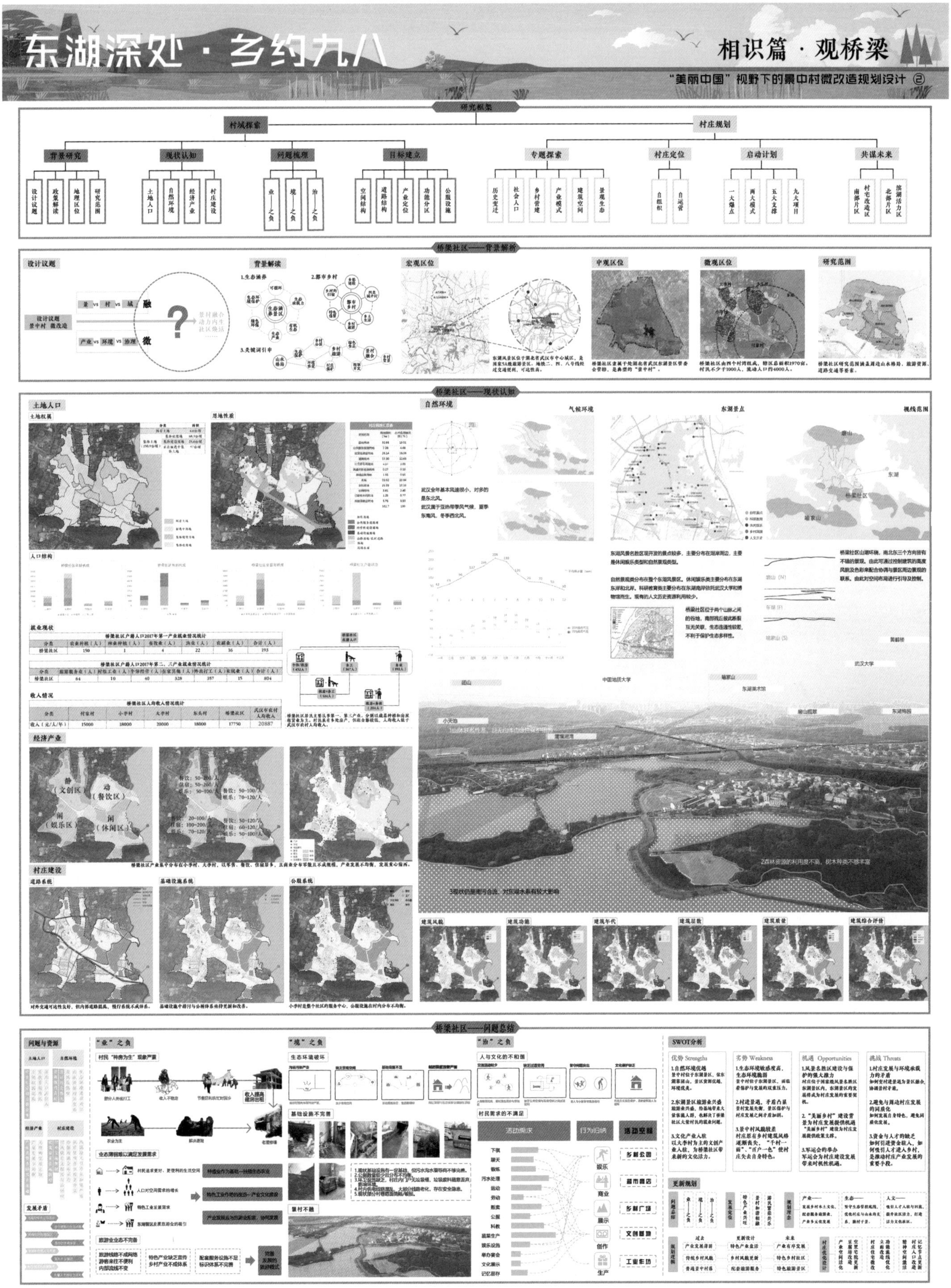

东湖深处·乡约九八

相识篇·观桥梁

"美丽中国"视野下的景中村微改造规划设计 ②

研究框架

村域探索 | 村庄规划

背景研究 | 现状认知 | 问题梳理 | 目标建立 | 专题探索 | 村庄定位 | 启动计划 | 共谋未来

设计议题 政策解读 地理区位 研究范围 | 土地人口 自然环境 经济产业 村庄建设 | 业·之负 境·之负 治·之负 | 空间结构 道路定位 产业定位 功能分区 公服设施 | 历史变迁 社会人口 乡村营建 产业模式 建筑空间 景观生态 | 自组织 自运营 | 一大爆点 两大模式 五大支撑 九大项目 | 南部片区 北部片区 旅游活力区 村宅改造区

桥梁社区——背景解析

设计议题 | 背景解读 | 宏观区位 | 中观区位 | 微观区位 | 研究范围

桥梁社区——现状认知

土地人口

土地权属 | 用地性质 | 自然环境 | 气候环境 | 东湖景点 | 视线范围

人口结构

就业现状

收入情况

经济产业

村庄建设

道路系统 | 基础设施系统 | 公服系统

建筑风貌 | 建筑功能 | 建筑年代 | 建筑层数 | 建筑质量 | 建筑综合评估

桥梁社区——问题总结

问题与资源 | "业"之负 | "境"之负 | "治"之负 | SWOT分析

优势 Strengths | 劣势 Weakness | 机遇 Opportunities | 挑战 Threats

更新规划

东湖深处·乡约九八

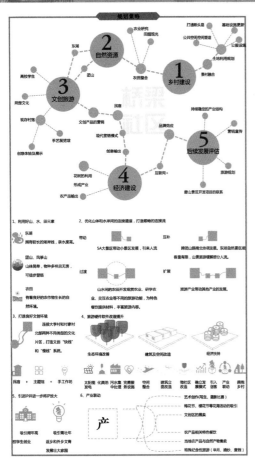

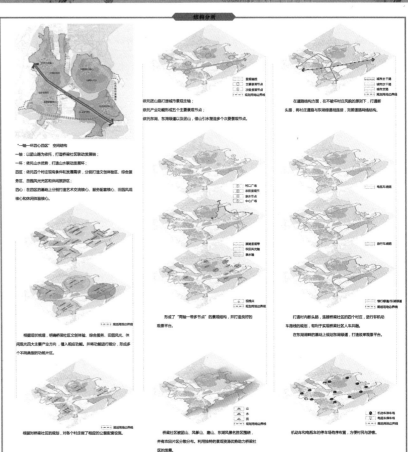

东湖深处·乡约九八

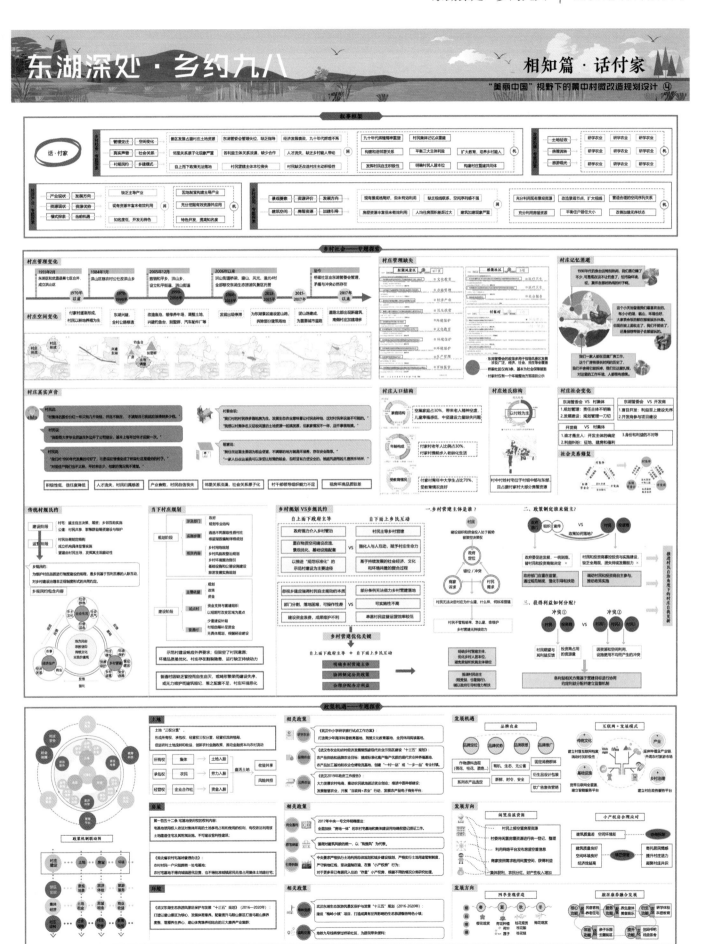

东湖深处·乡约九八

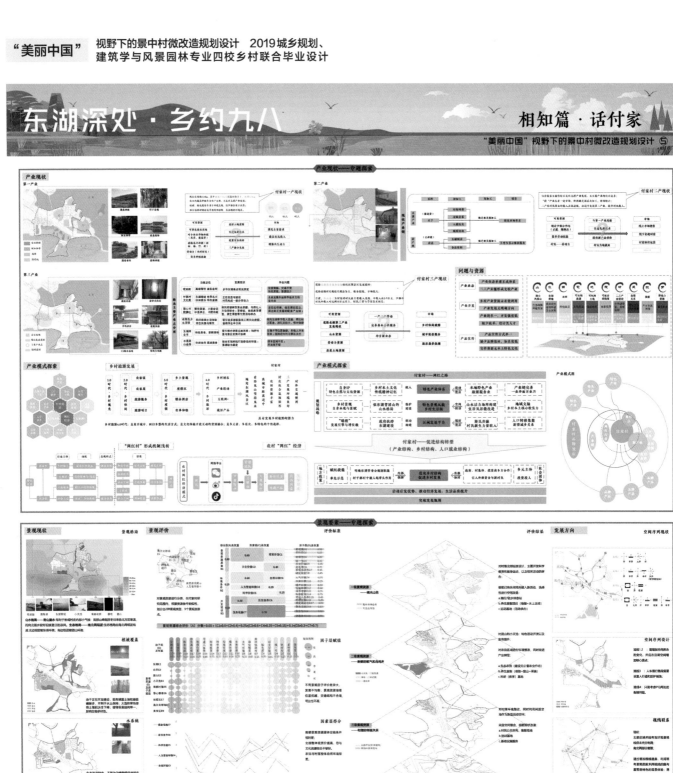

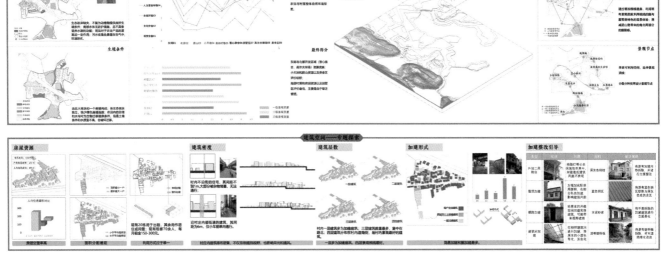

东湖深处·乡约九八

相思篇·谋发展
"美丽中国"视野下的景中村微改造规划设计 ⑤

叙事框架

一大爆点

发展模式——IPADS

motivate — pilot transformation — intellectual property — planning and design — attract investment — data — stimulating the vitality of rural areas

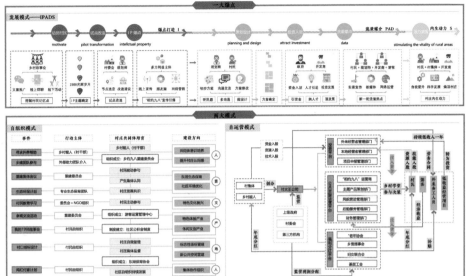

两大模式

自组织模式

自运营模式

四大支撑——标识体系

LOGO设计

创意IP人物设计

文创产品设计

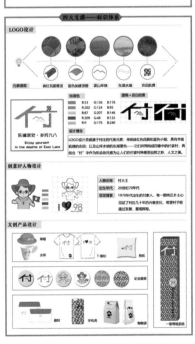

四大支撑——生态景观

生态循环系统

植物选配

四大支撑——建筑引导

建筑选型

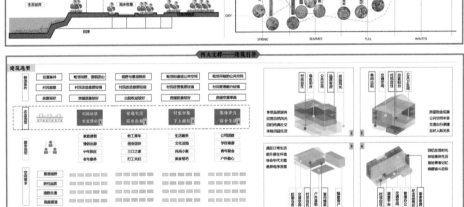

四大支撑——互联网+时代

智慧旅游APP设计

虚拟体验系统

游客反馈系统

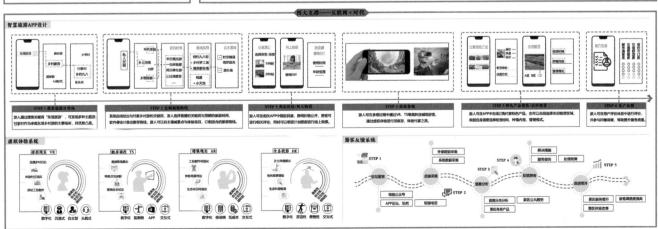

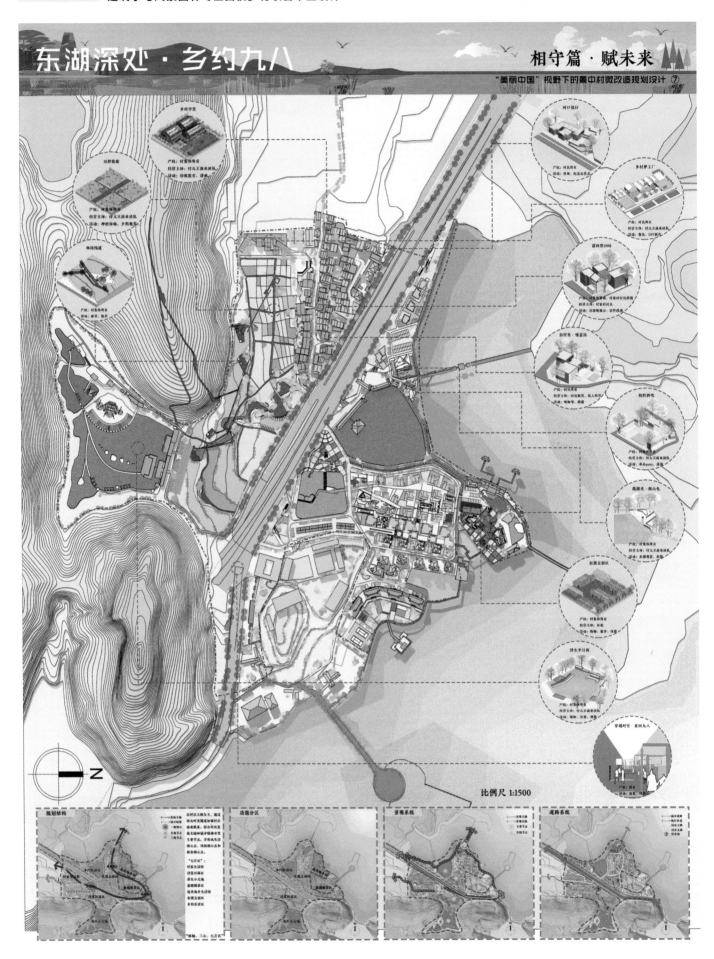

东湖深处·乡约九八

相守篇·赋未来

"美丽中国"视野下的景中村微改造规划设计 ⑦

比例尺 1:1500

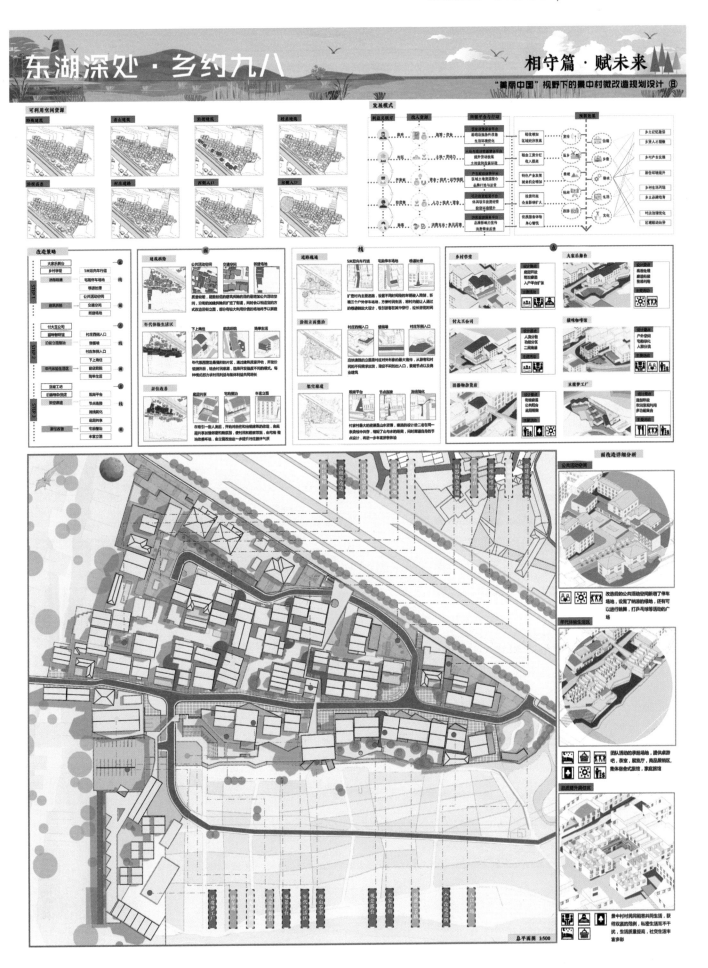

相守篇·赋未来

"美丽中国"视野下的景中村微改造规划设计 ⑩

东湖深处·乡约九八

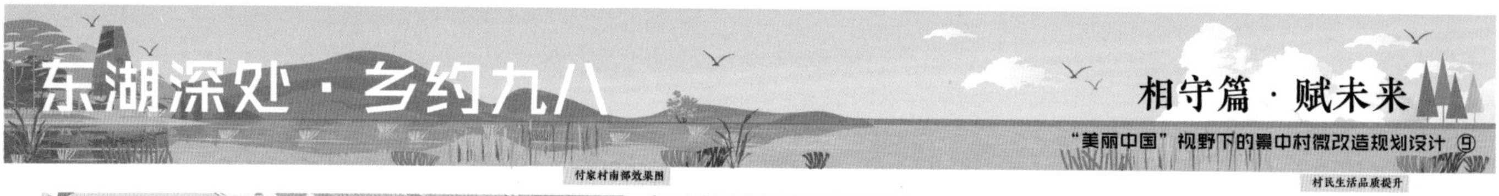

相守篇·赋未来

"美丽中国"视野下的景中村微改造规划设计 ⑨

付家村南部效果图

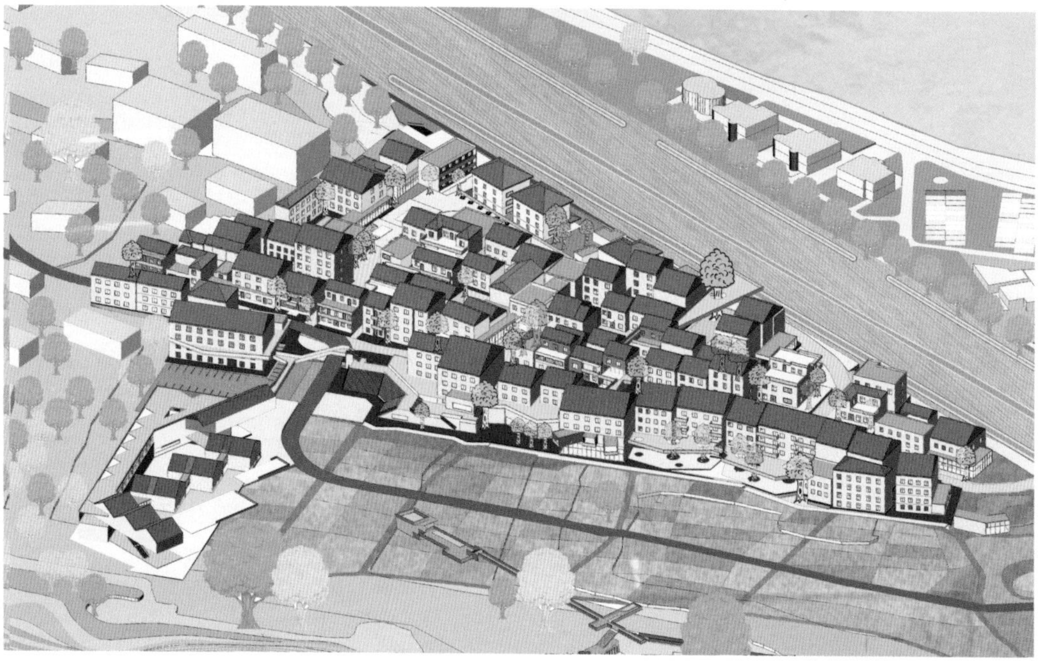

村民生活品质提升

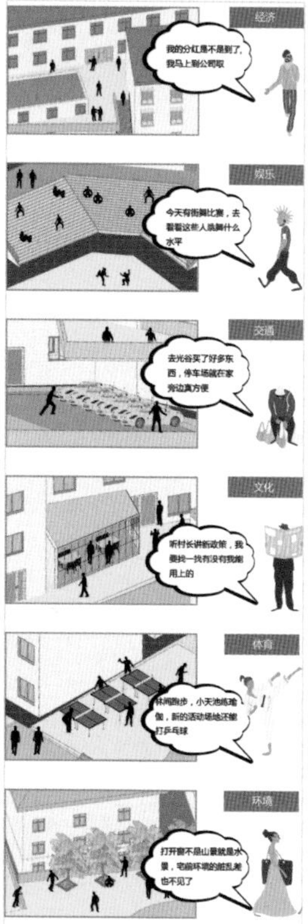

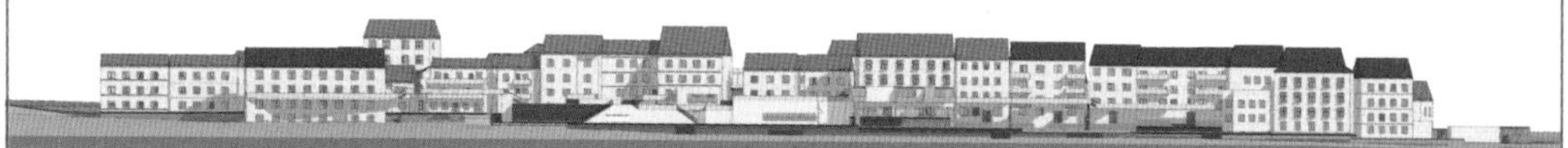

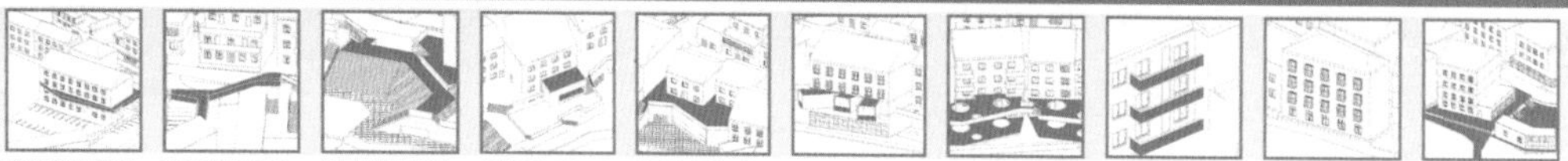

村庄内部街道详细解析

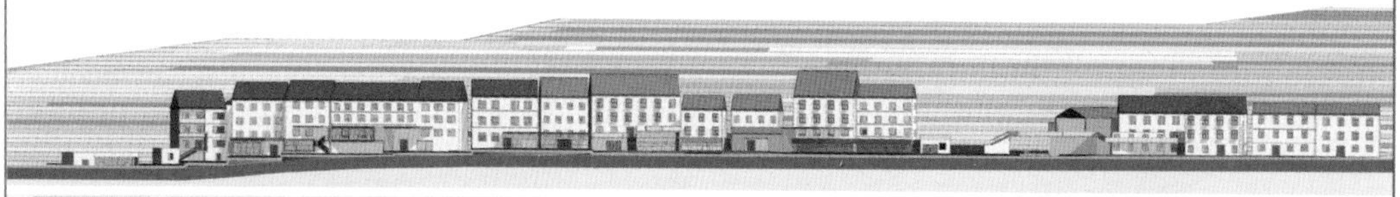

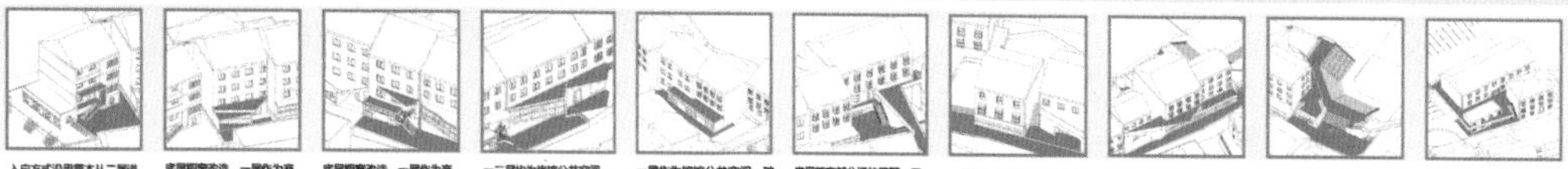

村庄沿山立面详细解析

村庄外立面详细解析

游客游览品质提升

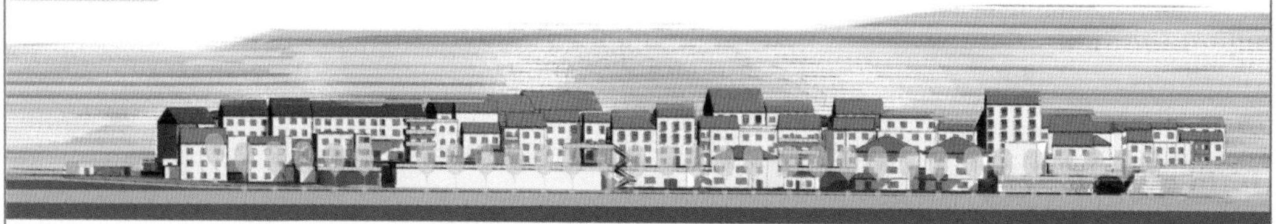

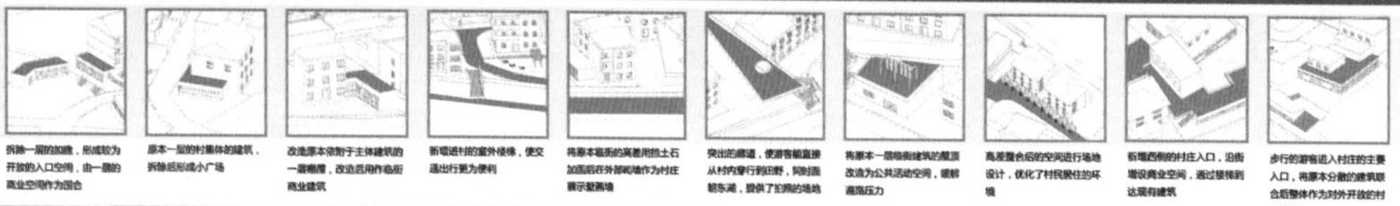

随着人气的提升，越来越多的武汉市民选择付家村进行短期旅游，针对不同的人群需求，整合出三条游玩方案，使每位游客都各得所需。

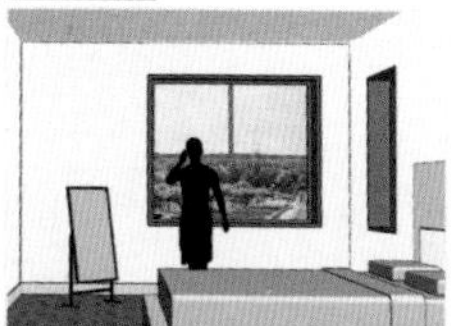

家庭周末游

团队年代游

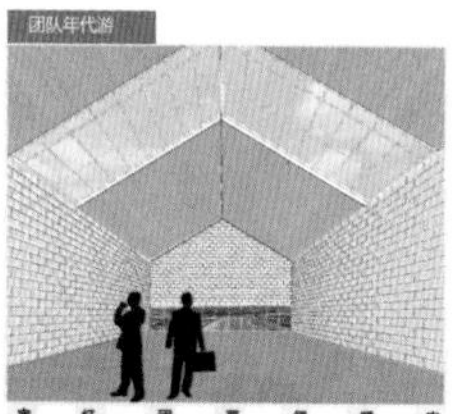

休闲观光游

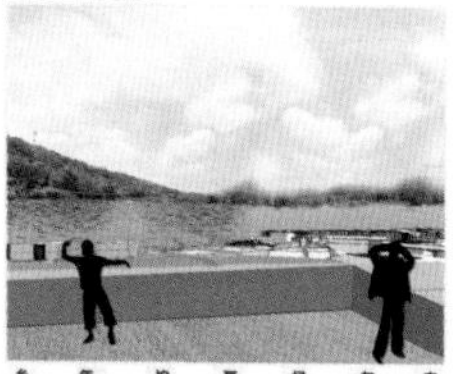

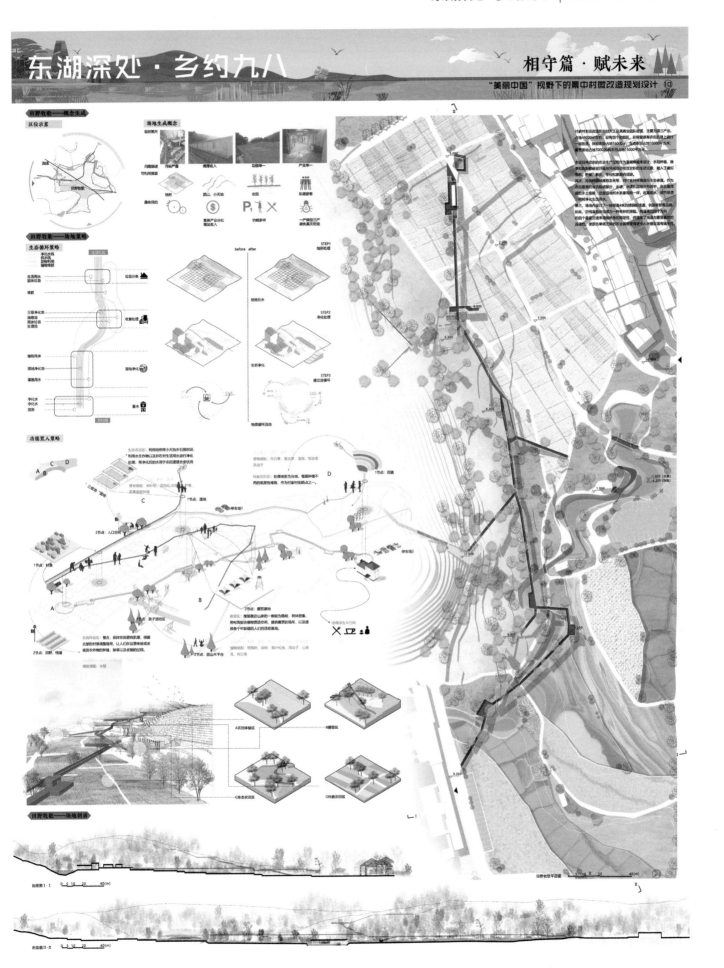

相守篇·赋未来

"美丽中国"视野下的幂中村微改造规划设计 ⑩

东湖深处·乡约九八

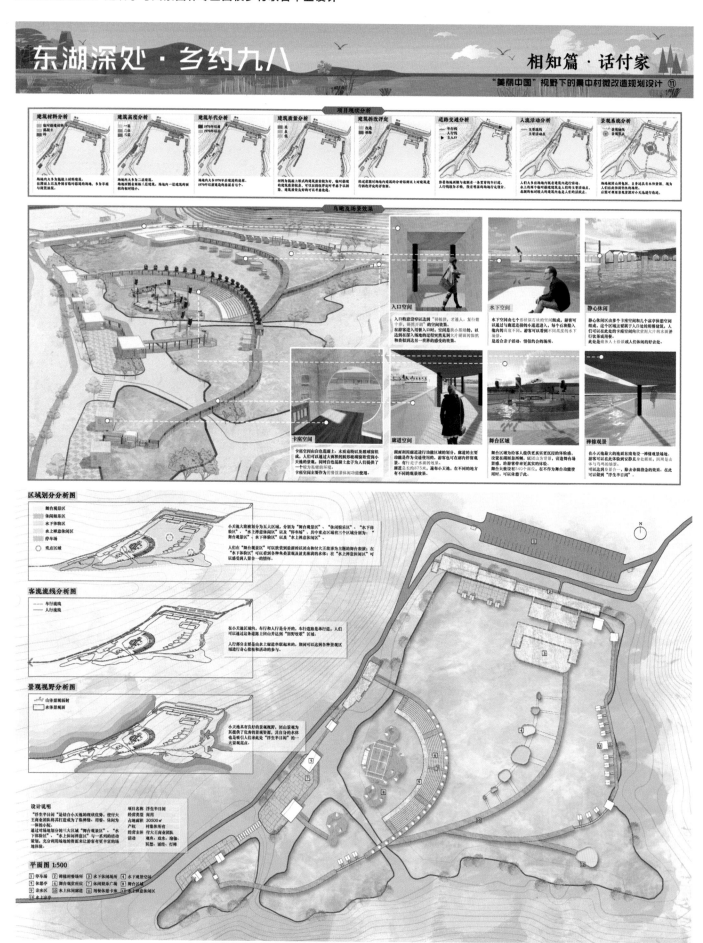

项目现状分析

建筑材料分析　建筑高度分析　建筑年代分析　建筑质量分析　建筑拆改评定　道路交通分析　人流活动分析　景观系统分析

鸟瞰及场景效果

区域划分分析图

客流流线分析图

景观视野分析图

设计说明

平面图 1:500

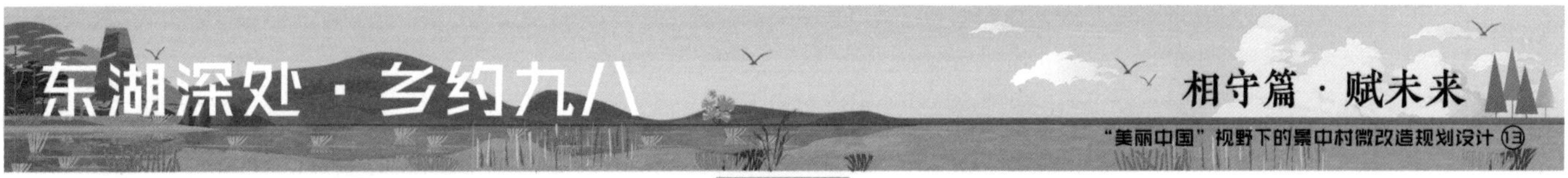

东湖深处·乡约九八

相守篇·赋未来

"美丽中国"视野下的累中村微改造规划设计 ⑬

北郊——相约酒吧

局部平面图

N

比例尺 1:500

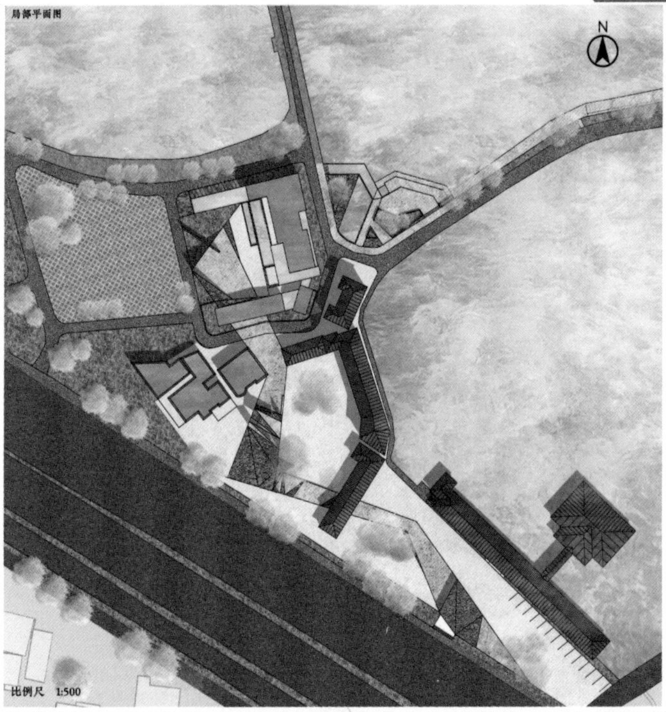

鸟瞰图

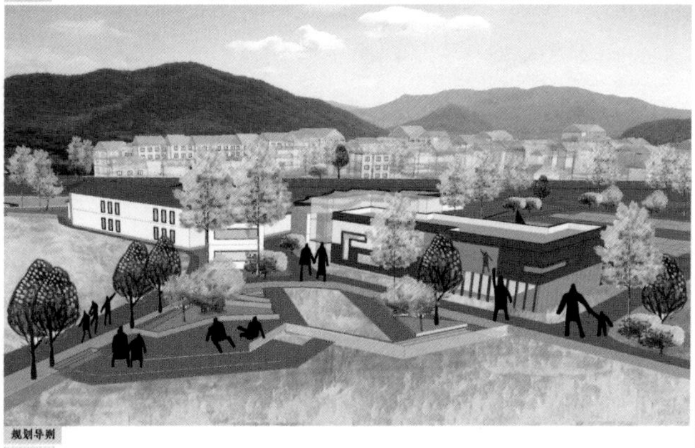

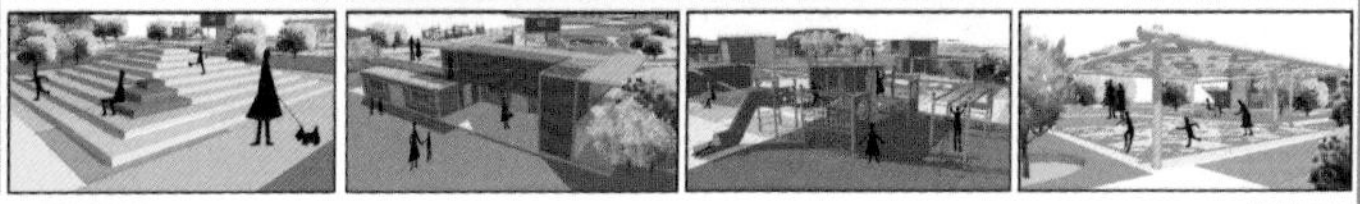

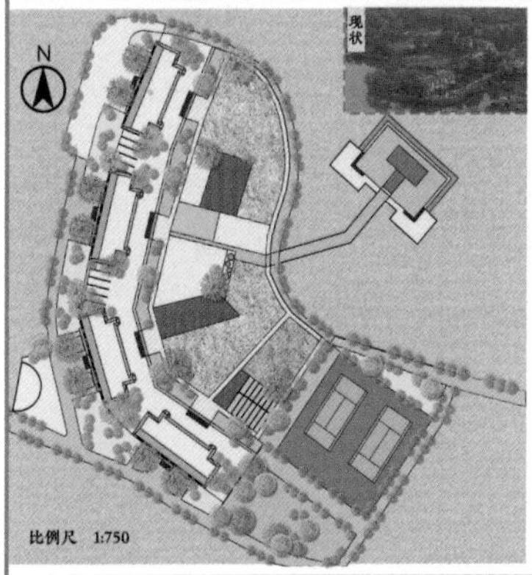

规划导则

酒吧运营

| IP主题 | 传承时代精神 乡村本土文化 | → | 乡约九八 |

运营主体 — 产权为村集体所有 有开发资金注入 有偿村行民自营

服务人群 — 村民集会交流的场所 村庄集体活动的承办地 村庄精神文化的凝聚点

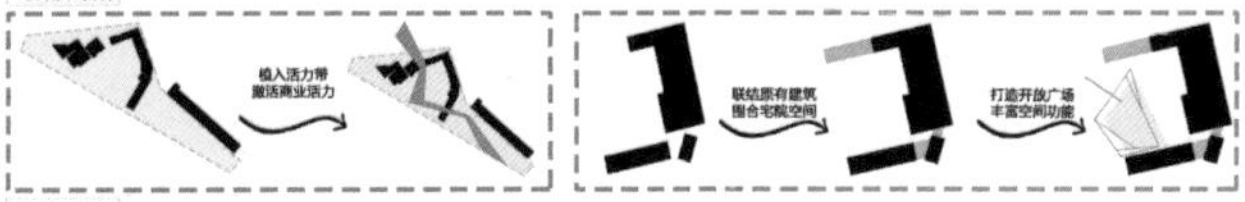

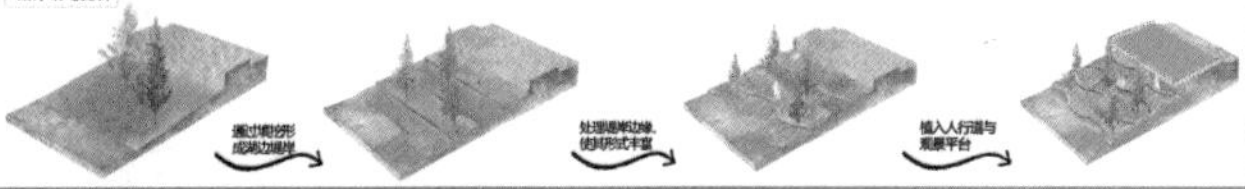

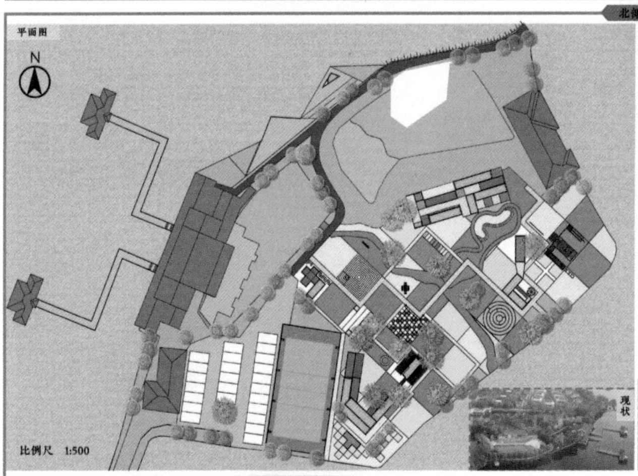

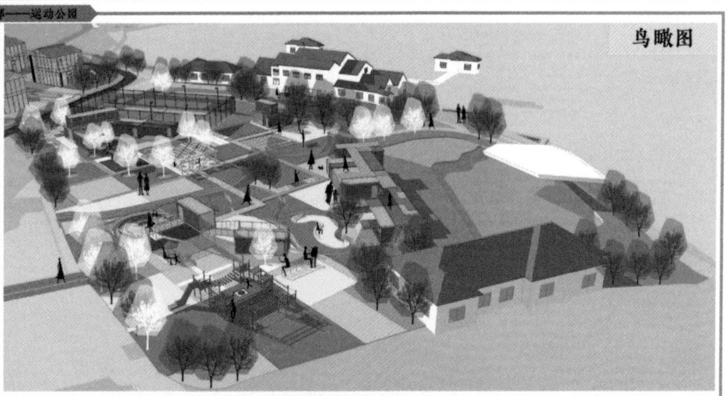

游客 — 乡村特色酒吧 乡村绿道怀的体验基地 东湖像道网红打卡点

激活文化 — 乡村啤酒节、品酒大赛、饮酒诗会

村落规划 — 村集体活动——电影节、笔、村庄广场舞、东湖艺术节、村童诗大会

游街乐队——滨湖酒吧、滨湖驻区网红打卡点

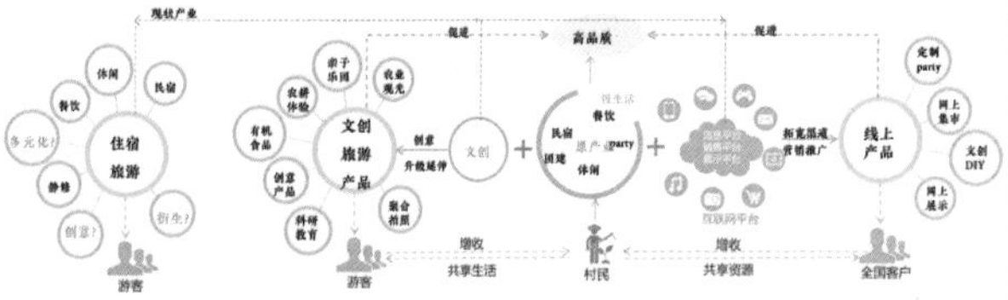

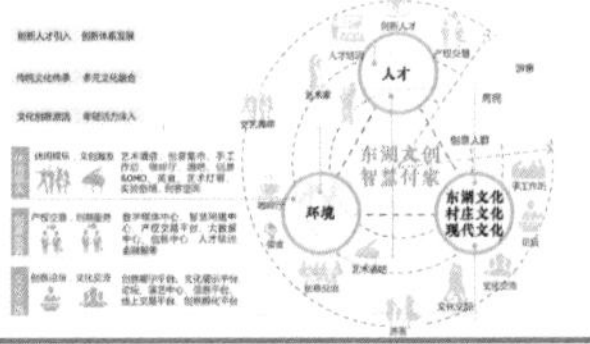

空间活力复兴

导向改造复剧

北郊——运动公园

平面图

N

比例尺 1:500

现状

鸟瞰图

现状

N

比例尺 1:750

设计理念

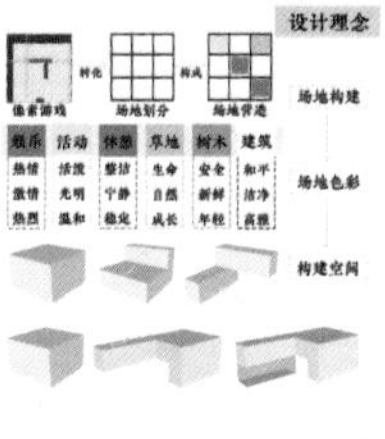

场地构建

场地色彩

构建空间

活动策划

运营策略

文创产业体系

文创+居住+手工艺

文创+艺术

北麓片区立面

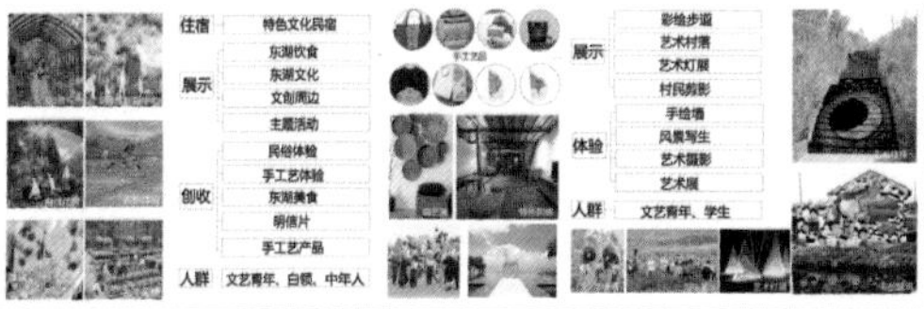

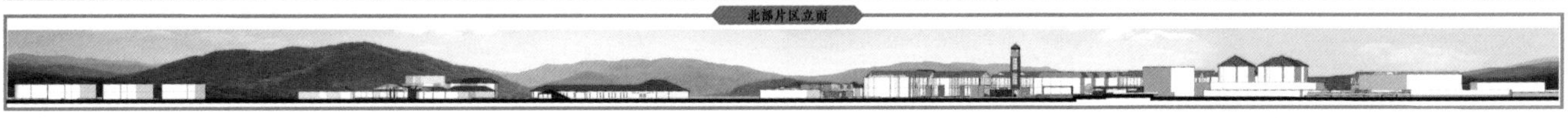

东湖深处·乡约九八

相守篇·赋未来

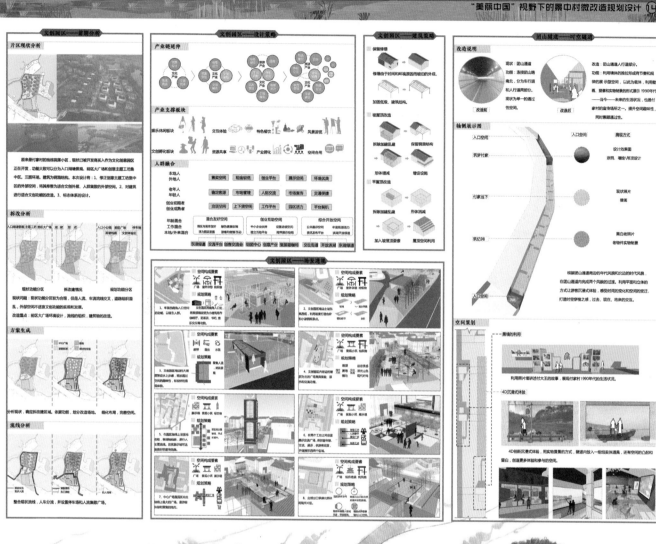

学生感言 STUDENT RECOLLECTION

城乡规划学
陈柯昕

从初期调研到终期答辩，从春寒料峭到夏日炎炎，从武汉到昆明，这次乡村毕业设计收获太多。傅家村作为东湖景中村，除了空间上的支撑，我们提出了自组织与自运营模式，以此让村庄具备发展的内生动力，让村民对村庄发展充满认同，让村庄走向自信。在三个专业同学的合作配合与老师的指导鼓励中，我们逐步深化对乡村的认知，拓展学习的视野。未来我将继续强化专业学习，适应新时代下规划发展的新要求。

城乡规划学
陈 元

从最初在武汉实地调研到最终在昆明理工汇报和答辩，对于乡村规划开始有了一定的认知和了解。我们应从村民角度出发，解决乡村的问题。在"景中村"的概念下村与景、民与企、村庄发展与资源保护的矛盾尤为突出。令我感兴趣的是如何处理这些矛盾，如何平衡各方的利益。从景与村与城的融合和产业、环境与治理的微改造两大方面，探讨如何真正实现景村融合，动力内生以及社区焕活。

建筑学
李晓舟

通过这次毕业设计，我明白学习是一个长期积累的过程，在以后的工作、生活中都应该不断地学习，努力提高自己知识和综合素质。在这次毕业设计中也使我们的同学关系更进一步了，同学之间互相帮助，有什么不懂的大家在一起商量，听听不同的看法使我们更好地理解知识，最后，在这里非常感谢帮助我的老师与同学。

城乡规划学
吴 倩

通过这次乡村毕业设计，让我对乡村未来发展有了更多的思考。乡村不像城市，不能以城市的思维去发展乡村，乡村虽然不能有效显著地为社会带来很大的经济效益，但是乡村的形式是城市发展不可或缺的部分。乡村的未来应该在发展的基础上能够保留部分乡村风貌，使其成为物质文化，甚至提高为精神文化所依托的物质存在。最后感谢各位老师的细心指导，感谢小伙伴们的努力，希望傅家如我们所期。

城乡规划学
王熙格

这次毕业设计走进了特别的乡村，欣赏到了绝美的风景，体验到了淳朴的民情。收获满满，乡村毕业设计是我学业生涯的最后一个环节，不仅是对所学基础知识和专业知识的一种综合应用，也是对我所学知识的一种检测与丰富，是一种综合的再学习、再提高的过程，这一过程对我的学习能力、独立思考及工作能力也是一个培养。

城乡规划学
王羽敬

转眼间历时一百多天的毕业设计已然结束，为五年的大学生涯画上了完美的句号。从美丽的东湖之畔到四季春色的昆明，用脚步丈量村庄的每寸土地；各抒己见，共同探讨村庄的发展方向；设计方案，熬夜的赶图……在此期间，收获颇丰，学习了乡村调研、专题研究的方法，乡村运营的策划，了解到不同专业不同视角下的思维与工作方法……希望未来可以不断提升自己，不忘初心，砥砺前行！

风景园林学
张亚宁

作为一个专业是风景园林的学生，对于乡村的了解可能仅限于小时候的记忆，青山绿水、鸟语花香、新鲜的蔬菜、甘甜的泉水。当然也有土砌的房子、简陋的家具，以及农村人老旧的衣衫，土地上黄土飞扬。可能对于景观的学生来说，乡村改造也无外乎就是完善基础设施，创造一些公共活动空间，还原乡村本来的风土人情。通过这次和城乡规划的同学以及老师的合作，我发现乡村的改造要比想象中复杂很多，牵扯到乡村的本质，中间社会结构的变化，乡村学堂的振兴，远不是只考虑到空间设计可以解决的。总之这次毕业设计让我接触到不同的专业和不同的思考角度，受益良多。

融景活村 · 故里新乡

青岛理工大学 Qingdao University of Technology

参与学生：冯佳璐 施瑶露 苏 静 陈建颖
指导教师：刘一光 王润生 田 华 王 琳

教师释题

此次毕业设计选择的地点位于武汉东湖生态旅游风景区中的桥梁社区傅家村，村庄南北被城市道路分割为两部分，村庄建设控制要求严，属于独特的景中村村庄属性。"景中村"具有"景"和"村"的双重性质，通常是乡村旅游资源富集地，但大多数"景中村"的经济状况并不好，乡村旅游与相关产业服务成了村庄建设发展的重要手段，起到了调整农村经济、收入、农业产业结构的重要作用。因此，我们要树立新的乡村发展观念，进行"景中村"建设，用全新的思路经营乡村产业，注重特色空间的保护与有机更新，通过"景""村"融合的方式，切实实现空间的环境建设、经济的发展和生活服务的提高。

首先，进行桥梁社区整体研究，强调村域综合规划，整合资源，统筹建设。重点研究乡村旅游产品及营销策略、"景中村"生态环境的保护策略、全域乡村旅游经济发展策略。

第二，结合傅家村的建筑风格、风土人情和现状建设，打造特色乡村观光休闲景区，进行文化体验及乡村度假等综合型旅游与配套产业开发。

第三，深挖傅家村的文化遗存，传承乡土文脉，在村容村貌及景观改造上注入乡村特色文化，使乡村旅游产品增值。提高服务、经营管理水平，提升服务质量、服务意识。

第四，规划设计要注重完善乡村驻地与旅游区的设计，包括道路、环境、水电、标识等设施的投入。切实提高村庄生活配套标准、服务水平、防灾能力。

最后，通过傅家村南北两个部分产业相互配合联系，产生磁化效应，协调产业空间布局，形成傅家村完整旅游链和产业链，完善村庄微空间细部设计。

融景活村 · 故里新乡

——基于多问题导向和多元需求的景中村规划

指导老师：刘一光　王周生　田华　王琳

小组成员：组长：冯佳康　组员：施珊露　组员：苏静　组员：陈路颖

设计介绍

区域层面
洪山区，隶属湖北省武汉市，因境内有洪山而得名，位于武汉市东南部，东与鄂州市蒲纪江相望，南邻江夏区，西北环抱武昌区、青山区，东北与新洲区隔江相望，介于东经114°7′~114°38′之间，北纬30°28′~30°42′之间。洪山区水域约100平方公里，林地近2万亩；森林覆盖率达到16%，距离天河国际机场44公里，距离汉口火车站20公里，距离武汉站18公里。下辖13个街道、1个乡，版图面积480平方公里，副级托管到东湖开发区、风景区、化工区的区域后，实际管辖面积约220.5平方公里，2017年常住人口117.16万人。

东湖风景区层面
东湖固位于湖北省武汉市洪东部，故此得名，现为中国水城面积最为广阔的城中湖之一，水域面积达33平方公里，是杭州西湖的六倍。其位于长江南岸，是由长江淤塞而形成，100多年前曾与武昌其他湖泊相连并与长江相连，水患频繁。1899年至1902年，湖广督张之洞下令在长江与东湖之间修建了武金堤和武青堤，并在堤防上修建了武泰闸和武丰闸，在人工干预下，从此东湖及其周的湖泊与长江分离。东湖生态游风景区面积88平方公里，由听涛区、磨山区、落雁区、吹笛区、白马区和落洪区6个片区组成，是风农景、整观构成为主的十三个植物专类区位于湖东南，三面环水，六峰相连，山水相依，素有"十里长湖，八曲磨山"之称，风景优良。山北有以纪念文化为内涵的楚文化游览区；山南有以湖水格局多土植物为主的十三个植物专类区。西山头有纪念朱德为东湖题词的朱碑亭。磨山景区从北开始，依次建有楚天极目，天台景观，楚才花苑，朱碑亭等。

村域层面
桥梁社区位于武汉市三环线以内，并通过东湖隧道与二环线相连接，可在一小时内拉达武汉市主城区各条主要道路，交通极为便利。桥梁社区东邻九峰测区西岸，南面武汉市园林技校，西至东湖磨山园艺场，北接武汉市中国科学院武汉物研究所。辖区总面积1970亩，其中陆地1120亩，水面350亩，耕地295.75亩，林区80亩，其他面积R124.25亩。

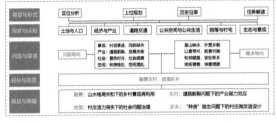

背景与形式	区位分析	上位规划	历史沿革	任务解读
现状与认知	土地与人口	经济与产业	道路交通	公共空间与公共生活	院落与村宅	生态与景观
问题与需求				
目标与愿景				
规划与策略				

问题导向：景观：村庄景象，风貌缺失／社会：景粉村冷，社会破阀／空间：种房特建，空间残损
需求导向：景山映水，外墨乡野／以景带村，前景可期／和村暖建，安住新乡／新村聚景，诗意栖居

融景活村，故里新乡

融：山水格局失和下的乡村景观再利用／生：道路割裂问题下的产业磁力效应
故里：村庄活力丧失下的社会问题治理／新乡："种房"诉生问题下的村庄微改造设计

规划背景

上位规划

《武汉市总体规划（2010-2020年）》
武汉市为"以主城为核心，多轴多心"的开放空间结构，桥梁社区属于武汉市六条放射型生态绿模中的控制东湖绿楔。

《东湖国家自主创新示范区总体规划（2011-2020年）》
桥梁社区位于东湖风景名胜区，其主要用地为风景用地与山体用地，自然环境条件优越，建设强度控制较强。

东湖国家自主创新示范区中的鲁磨副中心服务半径为6km，光谷主中心福射半径为10km，可直接服务影响付家村。

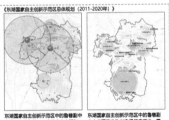

《东湖风景名胜区总体规划（2011-2025年）》
东湖风景名胜区西侧邻接梅春湖城市副中心、武昌是部经济中央活动区、水果湖行政中心，主要为居住商贸区。南侧邻接东湖高新技术产业区中的鲁磨地区，与武钢重工业区、发展控制区相隔。

《武汉东湖生态旅游风景区保护与发展"十三五"规划（2016-2020年）》
付家村主要为三级保护范围，其建设要求为应有序制各项建设与设施。其南部的喻家山、大山和夹心山为一级保护。桥梁社区位于东湖风景区范围内，主要的功能定位为豪体本科教区。

东湖风景名胜区分为涂以区、听涛区、磨山景区、吹笛景区、甜湖景区、白马景区八大景区，桥梁社区位于景风景区范围内，主要的功能定位为豪体本科教区。

付家村位于东湖绿道主干线上的团山路段，向西侧连接小李村、东湖，向北可直达东头村，与其他村庄的联系较紧密。

政策研究

农村土地流转机制 农村土地流转是农村土地流转是指在家庭承包经营制度过程体的前提下，将经营权流转给地农户的产权流制或经营的作为。

农村土地流转体在农村经济发展部分一定的政治的产值。通过土地流转，可以开展规模化、集约化、现代化的农业经营模式，即保障农业化。农村土地流转实现的是土地使用权的流转，土地流转权没体系了义务，是包挂两种土地经营权的转移（使用权）与其其他农户的经济组织，即保障农业化，土地使用权。

当前农村土地流转的主要类型为土地互换、出租、入股、合作等方式。流转土地要遵从农户依愿的原则，还要建立乡级土地流转制度体系，签订协同合同。

《中共中央国务院关于加强耕地保护和改进占补平衡的意见》 中指出：严格落实耕地占补平衡责任。完善耕地占补平衡责任落实机制，对新的建设占用耕地，建设单位必须依法履行补充耕地义务。无法自行补充耕地、质量相当耕地，地方各级政府负责组织实施土地整治。通过土地整理、复星、开发等措施实示补充耕地。各类非农业建设单位占用并损坏的耕地，以其城占用为主，省域内调剂为辅，国家实现耕地占补。落实补偿耕地，以耕地数量质量相当为前提，通过验收核实补充耕地质量。各级（自治区、直辖市）政府要探索跨土地整治示范耕地保护补偿机制和补充耕地数量质量状况平衡，制度要耕化的机制。

注释：《中共中央国务院关于加强耕地保护和改进占补平衡的意见》，要坚决依据落地农户格新增地的控制耕地用地和严格保护利用的用地制度，像保护大熊猫一样保护耕地，确力加强耕地数量、生态"三位一体"保护，牢牢守住耕地红线，促进耕地保护要因可持久。执行迁迁耕制，管理更加规制度的耕地审核制标准。对耕地数量、生态"三位一体"保护，改进耕地占补平衡管理，改进耕地占补平衡，提高耕地质量建设和保护，确金耕地保护补偿制度。强化利保措施和监督管理等方面的具体制度设，增保障公耕格全流程设。

历史沿革

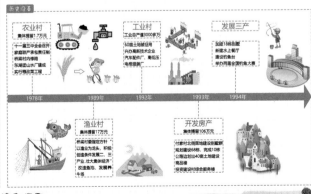

农业村 集体摘量1.7万元
十一届三中全会后开了家庭产承包责任制，桥梁村有扶摇，东湖园山大广场建成，实行蔬菜工业化。

工业村 工业总产量3000万元
60亩土地被征用，兴办高新技术企业，汽车配件厂、瓷低压、电视组装厂。

发展三产 加建18栋别墅，新建水上餐厅，建设钓鱼台，举办两届全国钓鱼大赛

1978年　1989年　1992年　1993年　1994年

渔业村 集体摘量177万元
桥梁村主要在渔业发展以鱼业为龙头，积极创造条件发展二、三产业大发展，改造鱼池、发展养殖

开发房产 集体摘留106万元
付家村北配图兴建别墅，规划建设58栋，完成10栋，公路建设出40亩土地建设，投资建设村综合服务楼

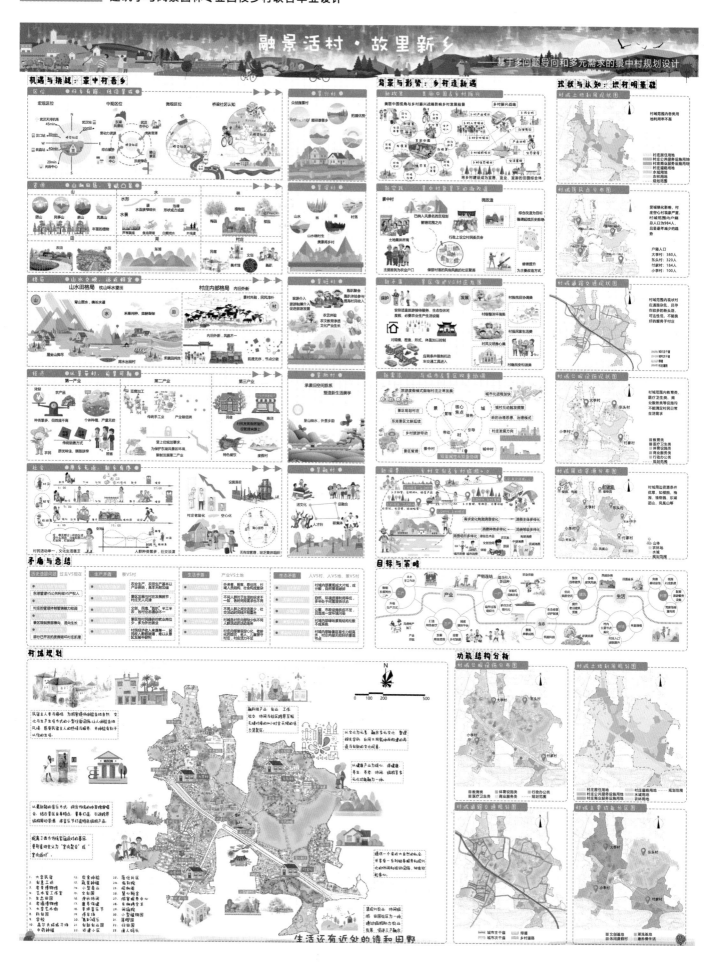

融景活村·故里新乡

——基于多问题导向和多元需求的景中村规划设计

生活还有近处的诗和田野

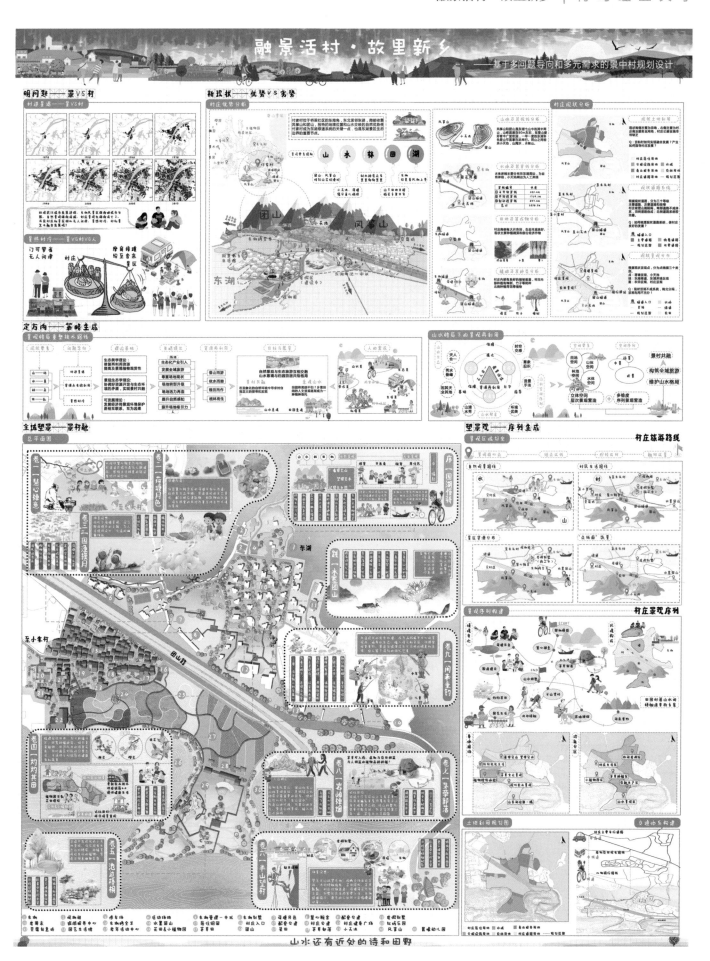

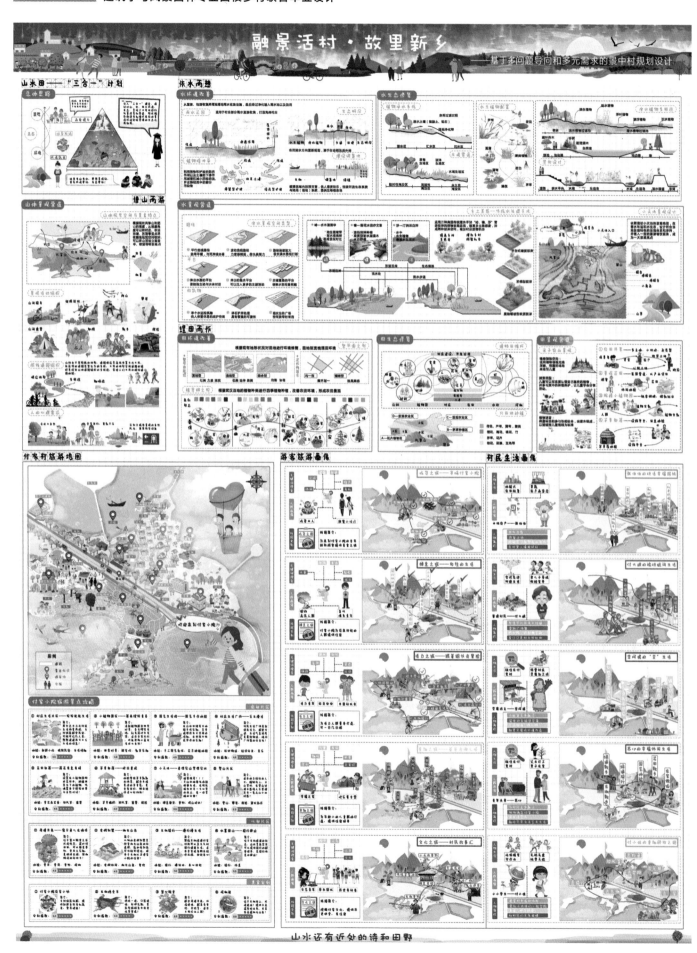

融景活村·故里新乡

——基于多问题导向和多元需求的景中村规划设计

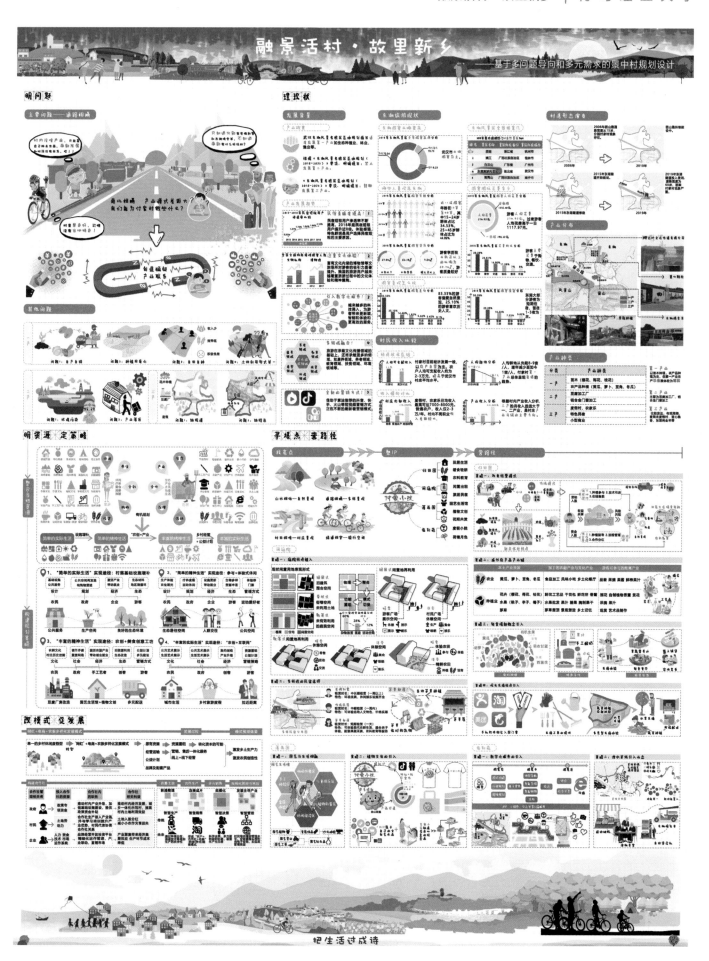

融景活村·故里新乡
——基于多问题导向和多元需求的景中村规划设计

把生活过成诗

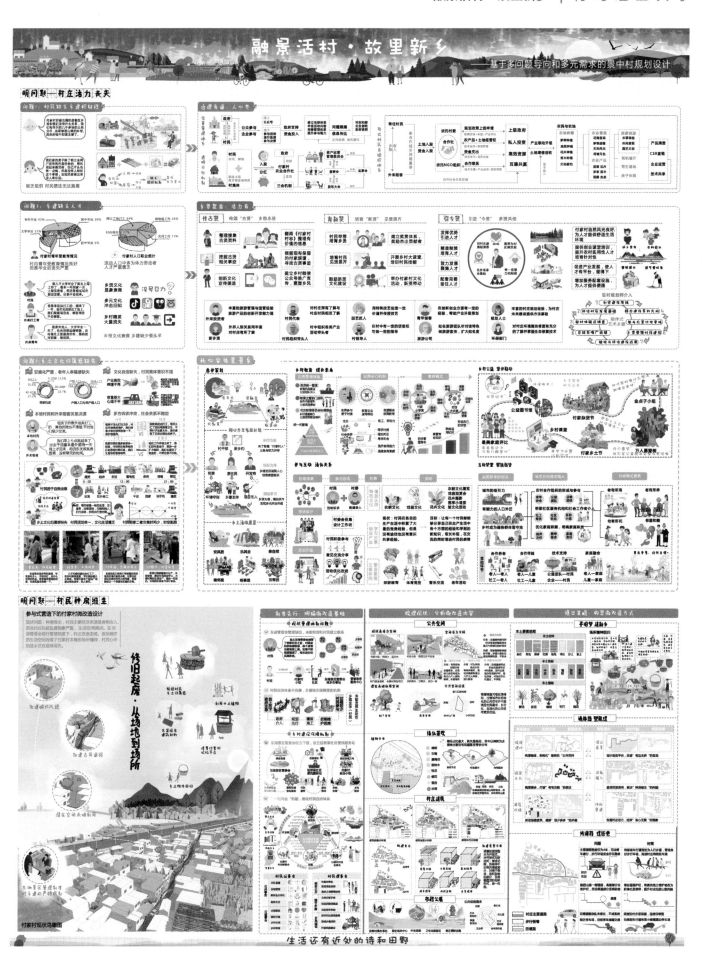

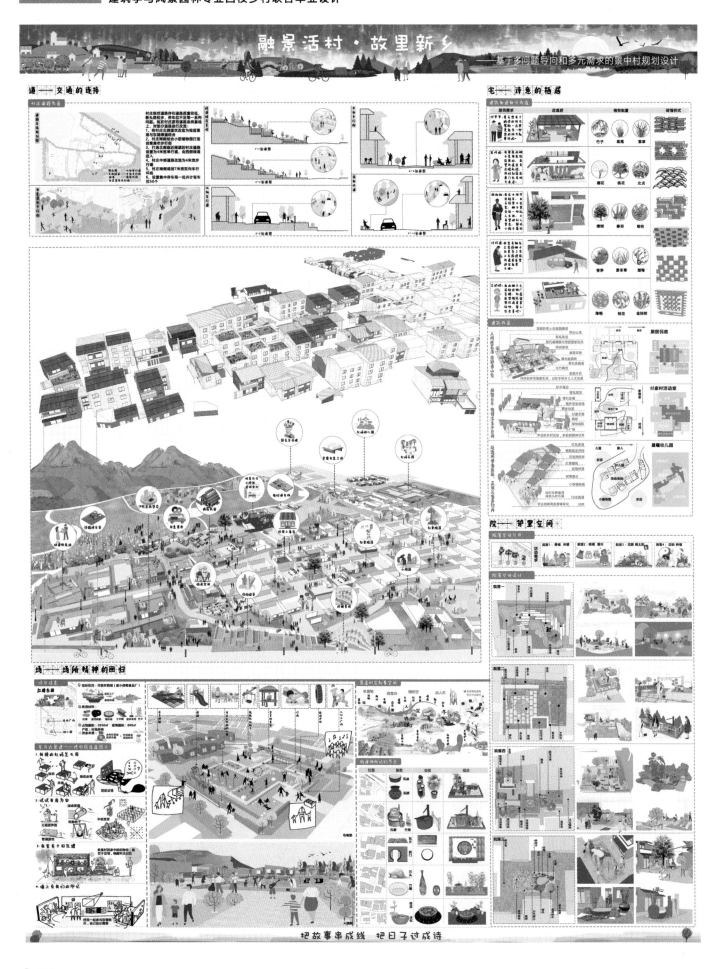

学生感言 STUDENT RECOLLECTION

城乡规划学
冯佳璐

　　大学五年匆匆而过，最后一个毕业设计选择了乡村规划。从最开始的基地调研到一步步的方案生成，我们认真听取村民的想法，和村组长积极交流，也在一次次的学术报告中见识了别样的村庄规划。感谢一直以来悉心指导的老师，鼓励我们坚定地往前走；感谢相伴的好友，在不断的头脑风暴中我们彼此进步，共同成长。乡村规划简单说是生产、生活、生态、但是在具体实施的过程中却延伸出很多方面，不同的村庄有不同的问题，怎样盘活村民手里的资产，怎样切实地让村庄回归朴素，回归自己的特质，都值得我们去细细研究。一路走来，经历了困惑、迷茫、以及一次次对自己的全盘否定，但最终还是接纳了不完美的自己。纵使夜幕降临，别忘了仰头还有一片星光。

城乡规划学
苏 静

　　相逢又告别，归帆又离岸。五年规划学习中的最后一个作业，在昆明理工大学师生的阵阵掌声中落下帷幕，青岛—武汉—青岛—武汉—青岛—昆明，无论是初期调研、中期成果展示、终期毕业设计答辩，都使我收获良多。所谓联合，使我在与各个学校的兄弟姐妹们同台竞技的过程中看到对方的优点，看到自己的不足，看到自己在规划的道路上还有很大的提升空间。即使过程中些许坎坷，些许不如意，但是我们都齐心协力在老师的帮助和支持下力挽狂澜，赢得了老师们的认可。生活也许总是带着些许遗憾，但这三个多月的努力时光依旧散发着最闪耀的光芒。五年时光匆匆逝，毕业，既是往日欢乐的终结，又是未来幸福的开端。祝愿我们能够学有所成，学无止境！愿青春无悔，归来仍少年！

城乡规划学
施瑶露

　　随着毕业设计的结束，我的大学生涯也落下了帷幕。这是我第一次真正意义上接触到村庄规划，从一开始的对象中村、微改造等主题的难以抓准，到中期的渐入佳境，发现规划思路的欠缺和终期对规划成果的深入和村庄运营的剖析，完成了对五年大学生涯知识的总结和升华。在短短三个月的时间中，我对村庄规划有了一个更深入的体会，村庄不单单是一个人群的聚集，更是一种社会关系的融合，要完成一个村庄的自身发展，必须得考虑村庄项目的投入、运营和管理三方面，使得规划内容能够真真切切地落实在地。同时，随着和组内其他同学的磨合，我意识到规划设计不是单枪匹马，一个人坐井观天，更是一群人相互协商讨论、取长补短的过程。纵观这次毕业设计，过程中有辛酸有泪水，但是更多的是这段回忆的甜美，感谢同学们的陪伴和相互谅解，船只快要起航，愿我们能够不忘初心，勇往直前。

城乡规划学
陈建颖

　　三个多月的时光转瞬即逝。从青岛到武汉，再到昆明，和小组同学一起反反复复进行了多次方案的推演和逻辑思路的推敲，最终顺利地完成了这次毕业设计。此次毕业设计也是我第一次接触到村庄规划，从不同的角度出发，对乡村的规划、建设有了更为全面、系统的认识，这是对我个人专业能力的一次提升；同时在这次毕业设计中，非常荣幸能够得到四个学校的老师们的点评指导，让我视野得到了开拓；也非常幸运能和我们小组的同学们共同完成此次毕业设计，这更好地锻炼了我们的团队协作精神和语言表达能力。

成果展示

Achievement Exhibition

壹 小李村

贰 傅家村

叁 东头村

"美丽中国"视野下的景中村微改造规划设计

2019 城乡规划、建筑学与风景园林专业四校乡村联合毕业设计

桥梁社区 东头村

以灸焕新，医景还乡

华中科技大学 Huazhong University of Science and Technology

参与学生：谢智敏　金桐羽　周子航　刘炎钶　朱晓宇
指导教师：任绍斌

教师释题

　　本次毕业设计所选基地——桥梁社区——具有"景中村"和"城中村"的双重属性，如何精准解读这两种属性的特征及问题，是此次规划设计的关键。

　　因此，规划设计首先要梳理"村"、"景"、"城"的关系，包括社会关系、经济关系、空间关系等，分析彼此干扰和制约的相关因素及存在的问题；其次，要思考"村"、"景"、"城"间各类资源互动、共享的机会，以及协同发展的条件；最后，将可能的机会和条件转化成合理的功能和空间表达。——此为本次规划设计的基点。

　　相较于桥梁社区其他三个村湾而言，东头村偏于一隅，交通相对闭塞，不染城市喧嚣，尚保持着一片乡村的宁静，这是景区中独特的乡村景观，也是城市中稀缺的特色资源。规划设计者应审慎对待这份资源，创新性的加以利用并展现出其独特的价值。——此为本次规划设计的重点。必须注意的是，"村"相对于"景"和"城"而言始终处于被动的地位，其乡村性在景区化和城镇化的过程中已逐步淡化，如何在融入景区及城市发展的同时保持其独特的乡村特征？——此为本次规划设计的难点。

　　作为农村的东头村已经名存实亡，但是，作为乡村的东头村不应该彻底消亡，愿将此作为本次规划设计的价值起点。

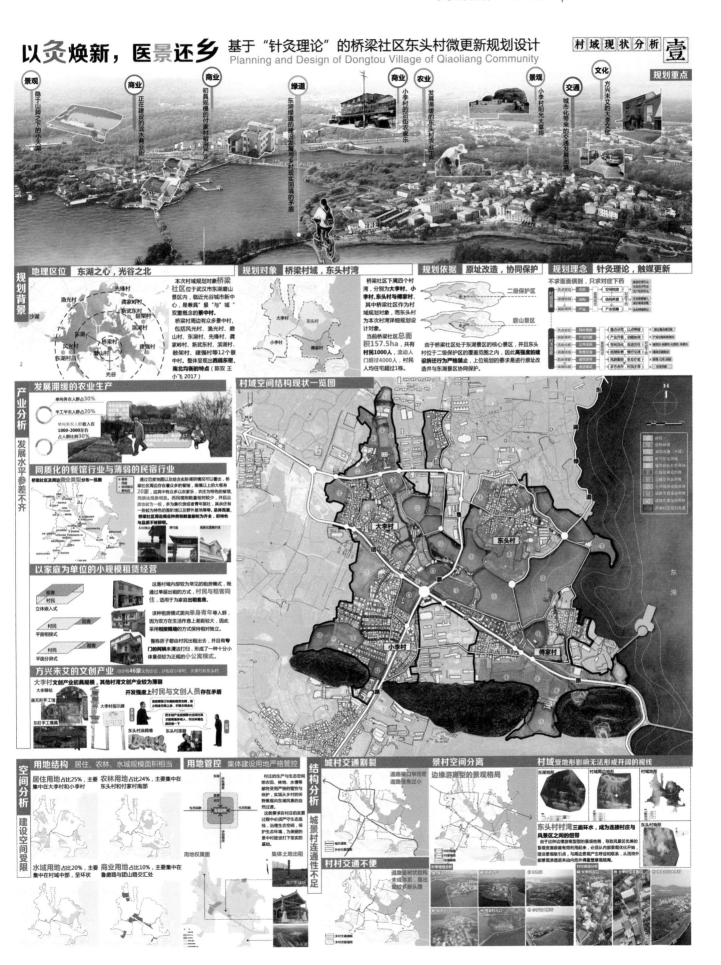

以灸焕新，医景还乡

基于"针灸理论"的桥梁社区东头村微更新规划设计

Planning and Design of Dongtou Village of Qiaoliang Community

村域总体规划 | 贰

循经取穴　空间挖潜

特征要素提取

□ 地
□ 景
□ 人

旧有发展逻辑

产业发展目标　以"农业"换"工业"——生产
资本转化流向　以"土地"换"资金"——生活
环境演化趋势　以"生态"换"面包"——生态

产业统筹　腑脏调养

生态种植

健康颐养

产业业态策划

肌理调养　结构再塑

空间规划结构

一轴一楔、三区四村

用地分配结构

□村域总用地：2350亩
□村集体用地：400亩
□村民宅基地：400亩
□村庄建设用地：800亩
□城市流转用地：600亩
□耕地：400亩

多元诉求平衡

产业项目布局

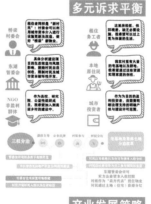

空间结构　　三生管控

生态绩效管控

产业发展策略

产业功能分区

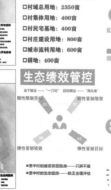

以灸焕新，医景还乡

基于"针灸理论"的桥梁社区东头村微更新规划设计
Planning and Design of Dongtou Village of Qiaoliang Community

村庄理疗策略 肆

東頭村總平面圖 1：1000

循筋取穴——重點示範，以點帶面

建筑使用功能和公共空间重塑，通过道路系统的串联带动整个村庄的"血液循环"畅通进行，使村民生活生产活动能够有序进行。

植入、激活点状空间，通过对建筑风貌的管控以及功能植入提高建筑的现有建筑的利用率。

梳理、提升线状空间，对街巷空间的通畅度进行梳理，使得交通状况能够得到提升。

塑造、规范面状空间，对村庄内的公共空间划分不同的使用功能，划分出建设板块、生产板块、生态板块，以此盘活整个村庄。

腑臟調養——產業升級，功能協調

产业规划策略

发展策略

农旅融合，统筹发展：融合药、花、果蔬三大元素，以现代特色农业为平台，以拓展生态康养旅游和建设宜居田园社区发展为主，积极培育中医药文化服务。

商旅带动，提质发展：以农业转型提升发展为契机，以互联网平台为手段，以文创平台拍摄传播和餐饮特色产业促进为纽带，实现乡村商贸服务业、旅游服务业两大产业提质发展。

产业模式选择

政府主导

东头村内部的产业经营模式采用三权分治的模式，即政府牵头，对企业招商引资，村民提供场地参与分红的形式。

三权分治

企业出资　村民参与分红

产业功能分布

品质生活综艺区

国医健康颐养区　花海民俗节庆区　湖群渔家假区

规划结构图

规划结构：一轴一环五中心

活血化瘀——空間活化，促進交往

入口空间指引

东头村属于尽端式村庄入口，即村庄位于市政道路末端。根据村庄入口的功能需求，将入口空间由外而内划分为与干道的外围过渡空间，入口标示空间及村庄内的引导空间三部分。村庄入口道路较长，宜在外围过渡空间的入口处设起始空间，增加村庄入口的标志性。

广场空间指引

出入口广场　休闲屋顶广场　流水广场

广场根据不同的使用性质和使用对象来区分动静活动区域，植被的选择和种植也要考虑分区。

空间景观指引

1. 小尺度邻里场所宜采用环绕式绿化或孤植乔木的绿化布局。

2. 较大尺度公共空间可采用环绕式或者组团式布局来种植植被，使得公共空间的空间感更为完整。

肌体修复——生態療愈

分类控制方法

经济作物种植田风貌

靠近村庄的田地，种植经济药材，主要控制药材种类，种植高度。

建筑群风貌

村内的外围建筑，主要控制为外围的建筑高度、屋顶形式。

游览花田风貌

村湾南边田地种植观赏宽花田，控制内容为种植花卉的种类、色彩。

景观轴线风貌

景观轴线指的是东头村内主街的风貌，以及南北两块组团内的车行道。

景观水塘风貌

村湾内的水塘节点，需要控制水塘周围的护岸形式，周围护植物的种植种类，以及木栈道的设计。

植被种类选择

经济作物种植田植被　　游览花田植被

芍药　　迎春花
金银花　　桃花
射干苗　　紫薇
鸢尾　　秋菊
金樱子　　腊梅

生态景观设计

能够根据不同水位来调节景观景象

枯水期
枯水期时，水域内可用作步行活动观赏活动空间的使用。

正常水位
正常水位时进行普通的观赏活动，活动地点仅为水岸边。

多雨期
多雨期水位上涨，到达一定水位密度时可以增加压水上或漂移活动。

景观风貌控制类型

通过设计规划出不同的景观模式

环绕住宅式　　环绕林式
林式　　水林相间式
作物式　　花田式

锦簇高度低变化：无明显高度变化　　锦簇高度变化：高度错落有致

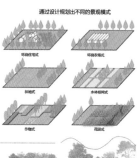

以灸焕新，医景还乡

基于"针灸理论"的桥梁社区东头村微更新规划设计
Planning and Design of Dongtou Village of Qiaoliang Community

村庄理疗策略 **伍**

以灸焕新，医景还乡
基于"针灸理论"的桥梁社区东头村微更新规划设计
Planning and Design of Dongtou Village of Qiaoliang Community

街巷空间设计　陆

■ 入口段"巷往的生活"空间展示

■ 设计说明　街巷空间具有路与景的双重属性

景中村具有城中村与风景区的双重属性，而景中村的街巷空间也具有"路"与"景"的双重特征，而这两种特征都无法离开居民的日常行为活动，其中"路"不仅是居民通勤穿行的道路也是居民慢行活动的道路，而"景"既是周边优美自然景区的过渡与延续也是居民生活场景的展现。

本次设计以依托研究街巷空间景观绿化的布置、居民住宅模式的探索、以及公共空间的合理提升，通过设计营造美美连续的空间界面，合理疏导有序的道路断面、舒适宜人的比例尺度、与统一完善的设施配套。

■ 灸点定位　明辨对象特征

■ 望闻问切　寻觅街巷重点

■ 对症下药　节点1：丁字路口处阶梯牌舍与小卖部　节点2：街心小游园与街巷生活场景

■ 建筑激活　创造多元生活场景

节点3：居民点入口附近巷道改造

■ 底层剖平面图

技术经济指标

总用地面积：2897 ㎡
建筑面积：2887 ㎡
容积率：1.0
建筑密度：50%
绿地率：5%
乔木数量：9棵
造价预算：50-100万

1　邻里巷柱
2　农乐之家
3　庭院游园
4　儿童乐园
5　养鸡馆
6　租住之家
7　民宿之家
8　阶梯牌舍
9　车库
10 阳光坝子
11 零售之家

■ 街巷南侧立面图

以灸焕新，医景还乡

基于"针灸理论"的桥梁社区东头村微更新规划设计
Planning and Design of Dongtou Village of Qiaoliang Community

商业坊里节点 柒

灸点定位 | **特征挖潜**

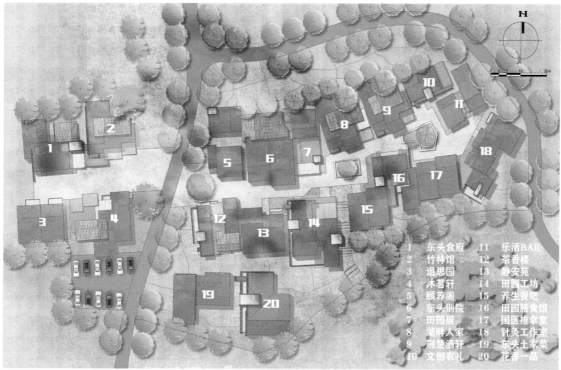

1 东头食府	11 乐活BAR
2 竹林馆	12 荃香楼
3 退思园	13 静安苑
4 沐茗轩	14 田园工坊
5 颐养阁	15 养生餐吧
6 东头别院	16 田园腊食馆
7 田园居	17 国医推拿堂
8 湖畔人家	18 针灸工作室
9 荆楚酒轩	19 东头土家菜
10 文创农礼	20 花香一品

空间抓取

建设条件

望闻问切 | **开发意向**

投资意向

功能策划

痛点施针 | **对症下药**

东头坊里

空间分析

交通组织

投资模式

活动流线

1+1+1+1

北立面图

设施布置

南立面图

以灸焕新，医景还乡

基于"针灸理论"的桥梁社区东头村微更新规划设计
Planning and Design of Dongtou Village of Qiaoliang Community

公共空间设计　捌

重点项目一

灸点定位 位置与概况

望闻问切 寻觅空间重点

对症下药 解析方案生成逻辑

针灸治疗 方案分析说明

总平面

楚韵广场·鸟瞰图

节点效果

重点项目二

灸点定位 位置与概况

望闻问切 剖解问题与特征

针灸治疗 方案分析说明

对症下药 解析方案生成逻辑

总平面

颐景园·鸟瞰图

节点效果

以灸焕新，医景还乡
基于"针灸理论"的桥梁社区东头村微更新规划设计
Planning and Design of Dongtou Village of Qiaoliang Community

景观节点设计 玖

"一水望月"观景節點軸側

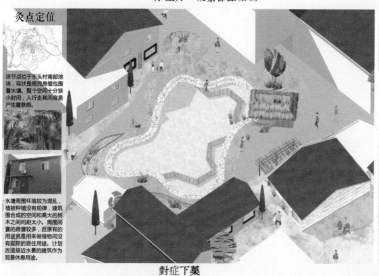

灸点定位

该节点位于东头村南部地块，现状是居民房房包围着水塘，整个空间十分狭小封闭，人行走其间易产生窒息感。

水塘周围环境较为混乱，植被种植没有规律，建筑围合成的空间和高大的树木之间间距太小。周围闲置的房屋较多，且原有的用途就是用来做储物间没有实际的居住用途。计划改造接近水景的建筑作为观景休息用途。

"一水望月"觀景節點平面 1:200

望闻问切

闲置建筑改造成为可以供游客和村民休息和观景，可进行喝茶、下棋等活动。

水塘周边景观风貌改造，提升节点的环境品质。

种植生态水生植物，提高节点的环境质量，同时也能起到净水作用。

改造建筑面积：403m²
绿视率：14.6%

對症下藥

生态功能
水塘的生态作用是同雨水收集系统联动的。水塘周围种植上水生植物可以美化环境以及对水质起到提升作用。

休闲功能
该水塘作为公共节点有一个很重要的功能就是休闲功能。在在节点游客可以停下来整顿状态。

集会功能
由于东头村内部还居住着许多村民，作为村中的一个公共节点还承担着有重要事件宣布时集会的功能。

在雨水收集口周围由于环境影响不可避免会使得雨水夹杂着许多杂质，比如枯叶之类的，在集水口处放置可以吸附沉淀的物质例如加活性炭可以有效的吸附杂质。以达到净水的目的，提高景观水体的质量。

在水塘周围种植可以提高环境质量的水生植物例如菖蒲、鸢尾、芦苇，一方面可以增加节点的绿化，由于水生植物大多数有净水的功能，另一方面也能提高水塘的生境质量，从而达到美化环境的目的。

景節點透視圖

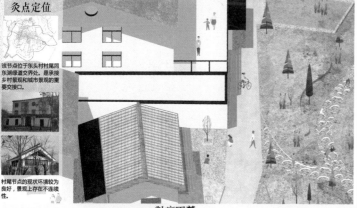  

同慧學堂觀景節點軸側

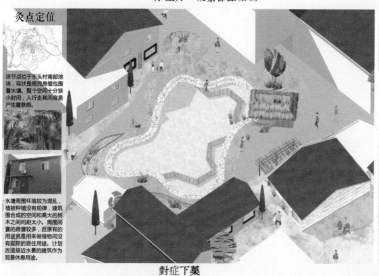

灸点定位

该节点位于东头村村尾同东湖绿道交界处。是承接乡村景和城市景观的重要交接口。

村尾节点的现状环境较为良好，景观上存在不连续性。

同慧學堂景觀節點平面 1:200

望闻问切

小卖部外立面改造，同周围的仿古建筑风格统一。同时也在村里起到吸引游客的标识性作用。

小卖部同时作为游客服务中心，满足游客的商业需求。同时能够吸引游客在该节点停驻。

改造建筑面积：64.7m²
绿视率：37.9%

對症下藥

在村尾处设立小卖部可以作为小型的游客服务部，在满足游客的商业需求的同时也能为游客提供休息的场所。小卖部后的院落可以提供给游客休息。此处的建筑设计同旁边的学堂风格一致。为仿古式建筑。

此处的现状是一块荒废的绿地，被村民用来种植少量的经济苗木。在将来的改造计划中预计将此处改造成一块小游园。一方面是考虑到整个村庄在的绿化面积过少，希望在既不用占用村庄原有建筑用地的同时增加绿化面积，另一方面也是考虑到村尾直接连接的是东湖绿道，为了使人们在心理上感受到景观的连贯性因此在村庄尾设计一处小游园。

在村尾入口处加强游览路线的通达性，能让游客方便到达小卖部的后院，也能有游览路线很好的衔接东湖绿道。使村子不至于和外部"断联"，与此同时也增加了游客游览的趣味性。

節點透視圖

以灸焕新，医景还乡

基于"针灸理论"的桥梁社区东头村微更新规划设计

公共服务中心设计 拾

Planning and Design of Dongtou Village of Qiaoliang Community

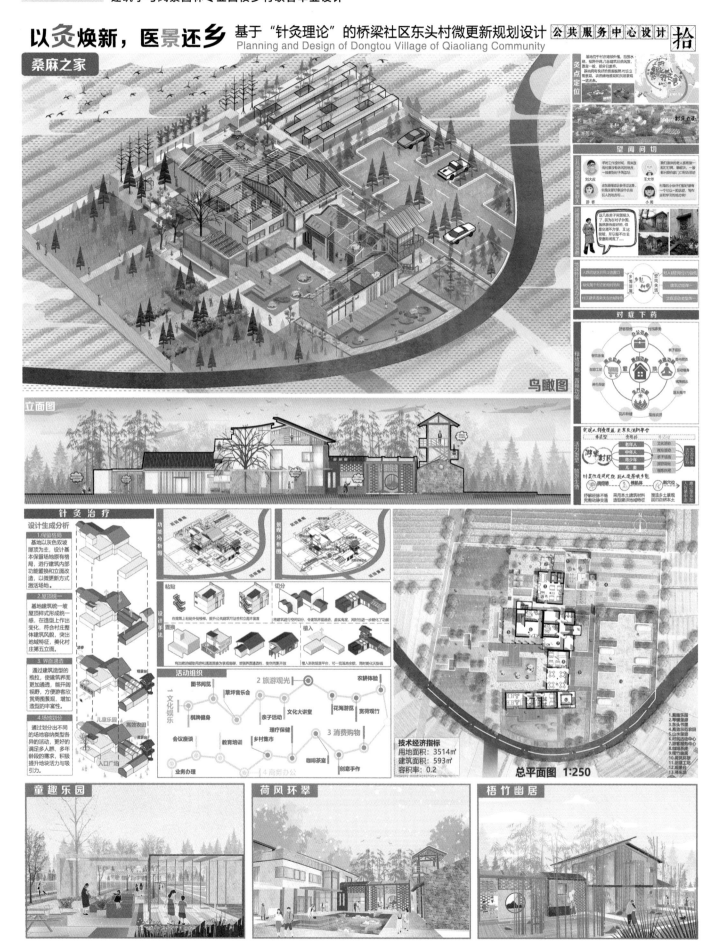

桑麻之家

鸟瞰图

立面图

针灸治疗

设计生成分析

1.保留格局
基地以灰色双坡屋顶为主，设计基本保留场地原有格局，进行建筑内部功能置换和立面改造，以微更新方式激活场地。

2.屋顶统一
基地建筑统一坡屋顶样式形成统一感，在造型上作出变化，符合村庄整体建筑风貌，突出地域特征，美化村庄第五立面。

3.界面通透
通过建筑造型的推拉，使建筑界面更加通透，能开阔视野，方便游客欣赏周围景观，增加造型的丰富性。

4.场地划分
通过划分出不同的场地容纳类型各异的活动，更好的满足多人群、多年龄段的需求，积极提升场地活力与吸引力。

功能分析图

界面分析图

粘贴　切分

设计手法

置换　植入

活动组织

2 旅游观光　农耕体验
图书阅览　草坪音乐会
1 文化娱乐　文化大讲堂　花海游览　赏荷观竹
棋牌健身　亲子活动
会议座谈　理疗保健　3 消费购物
教育培训　乡村集市
业务办理　咖啡茶室
4 商务办公　创意手作

技术经济指标
用地面积：3514㎡
建筑面积：593㎡
容积率：0.2

总平面图 1:250

童趣乐园

荷风环翠

梧竹幽居

学生感言 STUDENT RECOLLECTION

城乡规划学
谢智敏

　　与城乡规划专业结识的这五年时光，仿佛一场与朋友相识相知的过程，从初识的懵懂与迷茫到不断深入接触过程中所得到的收获与不解再到毕业季四校联合设计的总结与对未来的憧憬，本科的学习生涯马上就在这个夏天结束了，我也终于完成了一份比较满意的规划设计作品。回想初入大学面对设计与绘图满满的沮丧和不自信，即使是现在也无法称得上是十分精通，但是最重要的是在努力奋斗的日子里，在熬夜画图的日子里，在交图喜悦的日子里，我从中收获了属于自己的欢喜和意义。起于平凡，臻于至善，在以后的日子里，我会继续努力直至成为一名优秀的城乡规划师。

城乡规划学
刘炎铷

　　一开始得知我被分在四校联合设计组我的心情是比较复杂的。一方面是高兴自己能够有与不同学校和不同学习背景的老师、同学进行交流的机会，不过更多的是担心自己的能力能不能够胜任毕业设计的高强度工作。不过我很幸运，遇见了很负责的指导老师和行动能力很强的队友。在这三个多月中我们共同商讨设计方案，也曾因为意见不合有过争执，但是经历了这些过程最终都使我们完成了让自己满意的毕业设计，也为我们五年的学习画上了圆满的句号。

城乡规划学
金桐羽

　　本次的四校联合毕业设计与各校同学的交流中感受到了不一样的视角，碰撞出灵感的火花，令我受益良多。本次毕业设计的圆满完成离不开并肩作战、共同学习的小组成员们，大家都保持着认真负责的态度，在设计中不断思考，努力交流解决难题，闲暇时一起玩耍吐槽，疲惫时一起相互鼓励，正因为有他们一路同行，毕业设计的过程才更丰富多彩。还需感谢任老师的悉心指导和谆谆教诲，耐心地为我们解决难题，及时地为我们指正方向。对我自己而言，这一次的毕业设计虽然还有许多不足的地方，但正如胡适先生言："怕什么真理无穷，进一寸有一寸的欢喜"，在本次毕业设计中能有寸进步，有丝领悟，有份欢喜，可以无憾！愿未来迎接的每一次挑战都能"求深思而进方寸，尽吾志而终无悔"。

城乡规划学
朱晓宇

　　为期三个月的毕业设计终于可以画上一个句号了，回想起四校联合毕业设计的整个过程，我觉得收获良多，这主要归功于一群比我优秀太多的队友和循循善诱的老师。无论是在前期的调研、中期的方案生成还是最后成果产出的阶段，我从几位队友和老师身上学到的不只是专业技巧，更多的是他们认真扎实、一丝不苟的工作态度，是他们让我明白了这句华科的至理名言："你能做的，岂止如此！"虽然这段旅程充满艰辛，我个人的部分也还没能做到尽善尽美，但这次经历同样让我的本科生涯有了一个完美的结局，同时激励自己在以后学习中扬长避短，刻苦钻研，不断充实自己，争取在所学领域有所作为。

城乡规划学
周子航

　　乡村建设近年来在人居环境营造学科中的地位逐渐提高，乡村作为自然风貌与人文精神的母地，其发展逐步受到不同社会群体的重视。四校联合设计的过程中，四所学校同学们三度聚首，在数次的汇报中展现出各自风采，也让我们认识到自身的不足与提升的空间。岁月如歌，愿友谊长存。

回归故里

昆明理工大学 Kunming University of Science and Technology

参与学生：席翰媛 白 丹 李 坤 孟 文 段盛阳
指导教师：杨 毅 赵 蕾 李昱午

教师释题

在将背景现状的条件分为显在条件和潜在条件前提下，对"景中村"的进一步解读剖析，再结合上位规划对东湖风景区土地开发利用要求，村庄用地权属和用地性质等一系列的分析进一步明确：在本次设计中，城—景—村建设，更加注重在存量发展契机下，寻求精细化设计的发展模式。同时将租客/游客/居民三个主要群体的核心诉求归纳总结为"休闲+安逸+人居+延续"。

据此得出整个课题设计的宗旨为回归故里："回"取回味之意，通过村域内配备具有乡土特质的娱乐/休闲/度假等服务设施及活动，帮助到此地的游客群体更好地体味乡村旅游的乐趣；"归"指通过产业织补，减少外出务工人员，为本地青壮年及外来租客提供稳定的工作岗位，同时延长产业链，提高经济收益；"故与里"综指通过完善基础设施、提高建筑质量、营造景观环境、增设公共活动场所、梳理街巷院落空间等方法，共同建设而成的宜居环境。

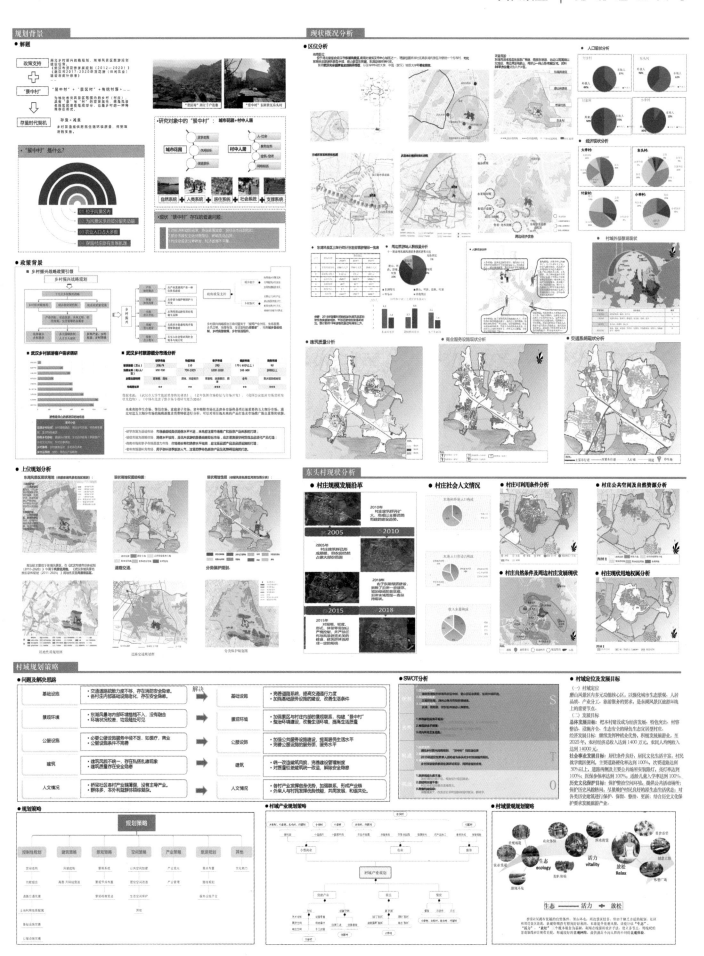

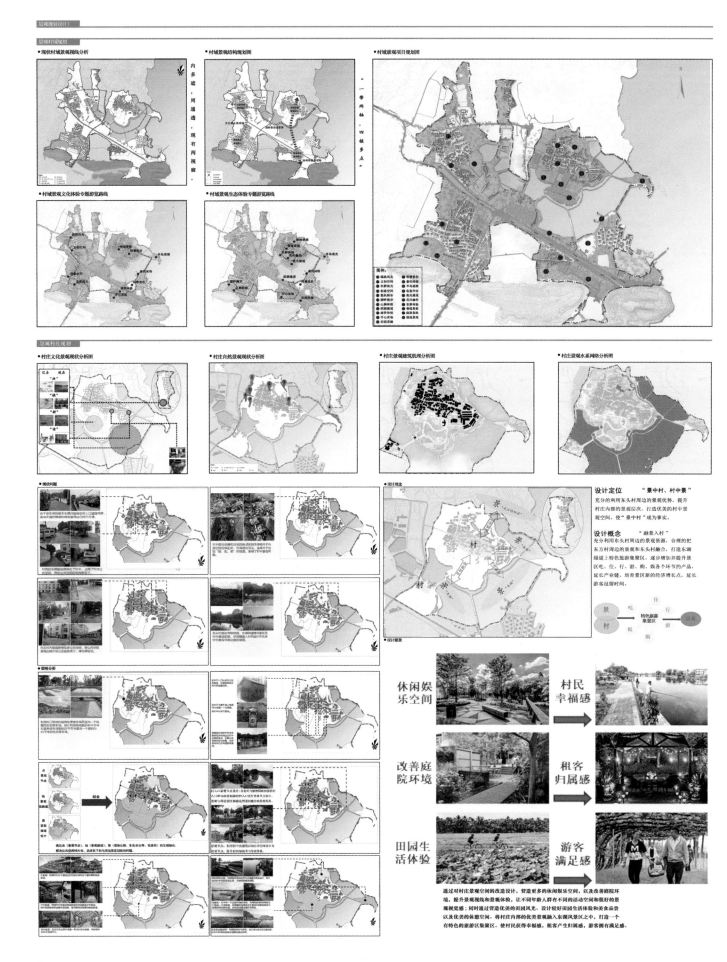

景观规划设计2
景观村庄规划

● 村庄景观结构分析图

"一带两轴,三核多点"

"一带":为村湾游览观光带,依托村湾内部的主要交通道,形成一条村湾建筑风貌和景观的观光带;同时,连通半岛公园,观赏东湖风光。
"两轴":结合三个景观核心的定位,形成一个农田景观观赏轴和内外景观观赏轴。
"三核":分别为农田景观核心、村内休憩空间核心、半岛公园游憩核心。
"多点":即多个小型景观节点,发布在村湾之中。

● 村庄景观功能分区分析图

根据景观结构、景观概念和景观定位,把村庄的景观分为五个片区,分别为:滨水观光区、农业景观区、微型景观廊道区、微型湿地风光区和生态半岛观光区。

滨水观光区:设立于村庄的南面方向,靠近湖面,观景视线较好。
农业景观区:依托现有的农田设立,主要用作观光和种植。
微型景观廊道区:利用村中绿化的空间营造景观,打造更好的景观廊道。
微型湿地风光区:依托村中的一个水池建设,处理污水的同时,营造较好的湿地景观。
生态半岛观光区:利用一个湖中半岛建设,用于较好的观赏山川湖景。

● 村庄景观项目发布图

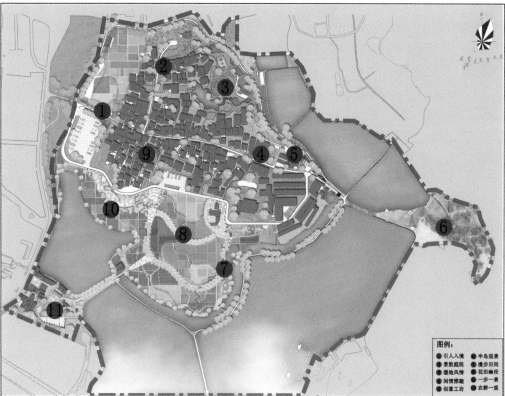

图例:
● 引人入境　● 半岛观景
● 景致庭院　● 漫步田间
● 湿地风情　● 花田曲径
● 闲情雅趣　● 一步一景
● 创意工坊　● 农耕一观

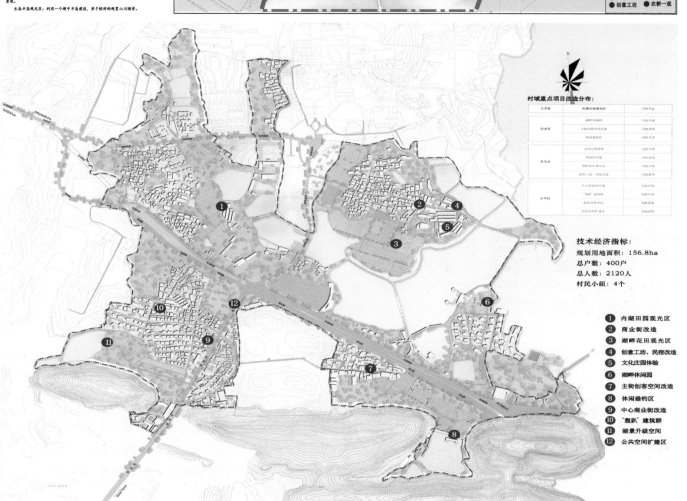

村域重点项目改造分布:

大专村	内湖田园观光区	功能升级
甘家村	湖畔休闲田园	功能提升
	主街创客空间改造	功能植入
	休闲垂钓园	功能升级
东头村	文化庄园体验	功能提升
	湖景观光区	功能激活
	创新创业空间	功能提升
	创意工坊、民宿改造	功能植入
小平村	中心商业街改造	功能提升
	"袞趴"建筑群	功能保护
	湖景升级空间	功能提升
	公共空间扩建区	功能植入

技术经济指标:
规划用地面积:156.8ha
总户数:400户
总人数:2120人
村民小组:4个

① 内湖田园观光区
② 商业街改造
③ 湖畔花田观光区
④ 创意工坊、民宿改造
⑤ 文化庄园体验
⑥ 湖畔休闲园
⑦ 主街创客空间改造
⑧ 休闲垂钓区
⑨ 中心商业街改造
⑩ "袞趴"建筑群
⑪ 湖景升级空间
⑫ 公共空间扩建区

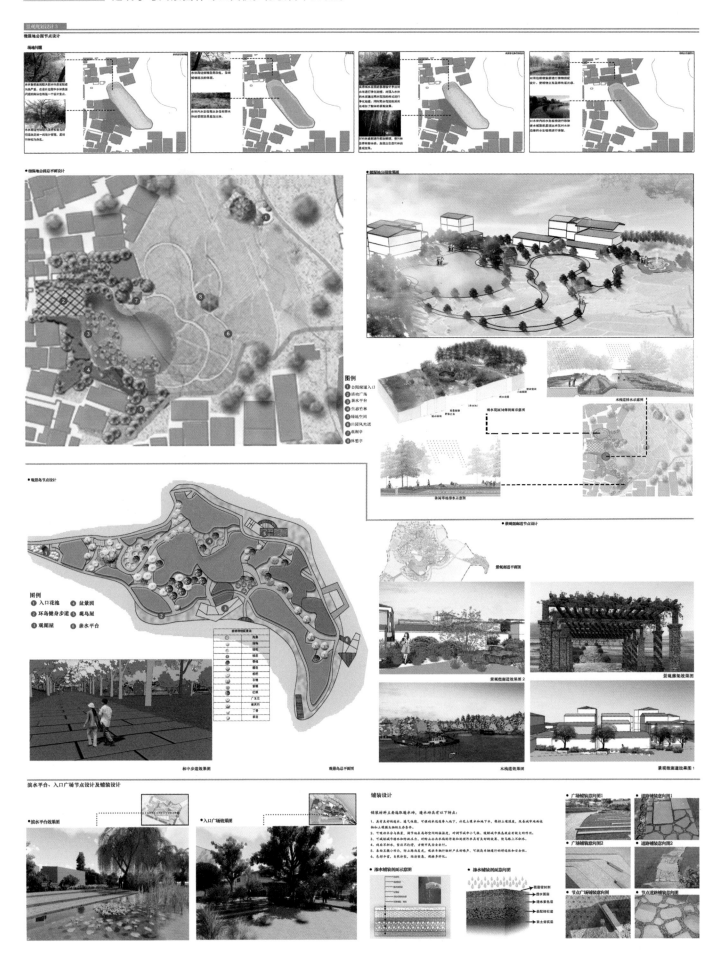

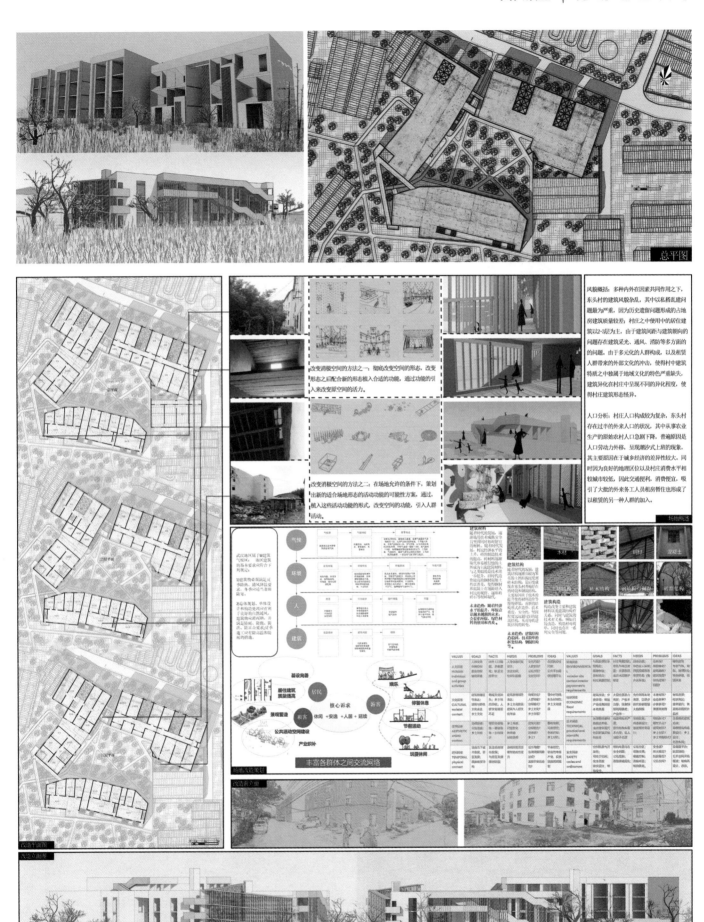

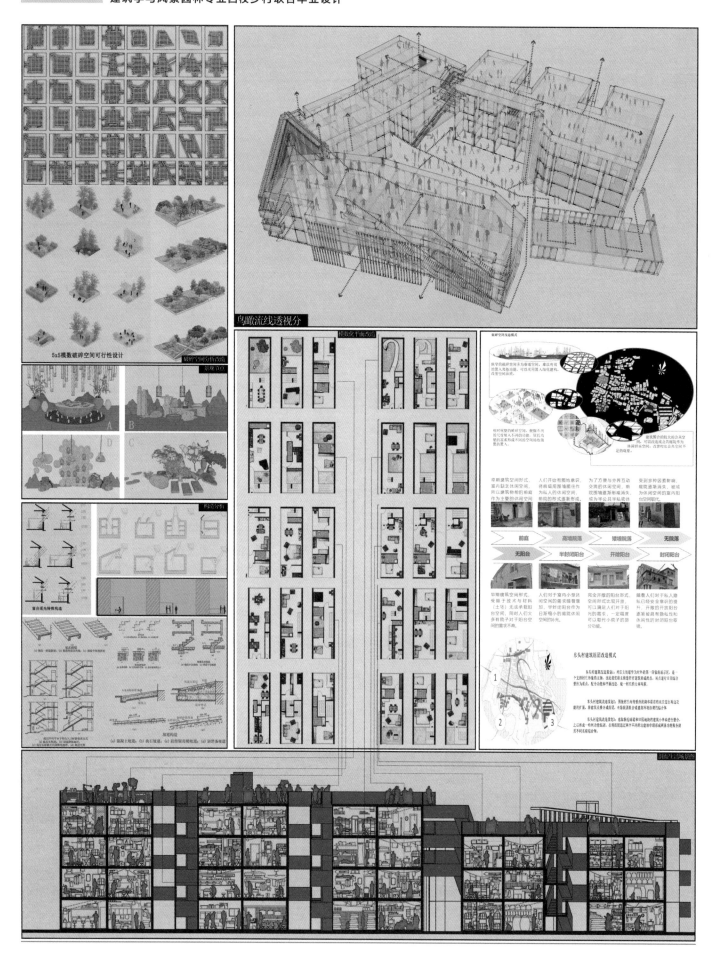

学生感言 STUDENT RECOLLECTION

城乡规划学
白 丹

在这次的四校联合毕业设计中,通过不同专业的同学组成课题小组,再与其他三校同学的交流学习中,不仅看到了武汉东湖风景区内村庄的发展,村落的文化底蕴、空间格局、产业模式、建筑风格、人居行为模式等都与之前课题中研究的大理民居有很大的差异,不论是社会因素还是地区特色的影响还是民族特质的影响、历史传承等,都存在很大的差异,但建设村庄特色、活络村庄原有社会关系的规划出发点却是一致的。与其余三校老师同学的交流,也使我受益良多,无论是从宏观到微观地分析问题还是从专题出发,确定村庄具体不足再反推中观层面的发展,还是一些调研、问题分析的方法,内容的表达,方案的汇报交流等。经过这一系列的工作,使我更加认识到一个好的方案设计,必然是在多轮推敲演示后核定的,能够真正帮助实际问题的有效解决。

建筑学
李 坤

在此次四校联合设计中与其他三校老师同学的交流使我受益匪浅,让我充分了解到多角度对待乡村振兴问题的重要性,从宏观的规划把控到微观切入的问题分析,层层递进的处理方式使我非常受益。对于此次设计的所有流程的把控,经过这一系列的工作,使我认识到一个方案的生成,必然是在多轮推敲解析后建立在实际数据的推演之下的,这样的设计才能够真正有效地解决实际问题。

城乡规划学
席翰媛

时光飞逝,日月如梭。短短三个月的时间我们五个人在各位老师的指导下不断进步,从初识武汉到深入东湖景中村的规划设计,一路走来,感受颇多。毕业设计是一大难题,虽然这次题量很大,看似困难重重,但是实际操作起来又会觉得事在人为。一路走来,历练了心志,考验了能力,也证明了自己,发现自己的不足。

我们以"回归故里"为主题,希望现在的人们放慢脚步,关注村落与自然,关注民生。方案有所成功,也有不足之处,望大家谅解与指正。感谢老师给予我们悉心的指导,感谢团队小伙伴们互相帮助,共同进步。祝愿毕业设计大组的各个院校小伙伴们前程似锦,你我会重逢在美好的未来!

风景园林学
孟 文

在这次的四校联合毕业设计中,通过不同专业的同学组成课题小组,再与其他三校同学的交流学习中,我受益良多。经过这一系列的工作,使我更加认识到一个好的方案设计,必然是在多轮推敲演示后核定的,能够真正帮助实际问题的有效解决。

同时本次设计主要是"景中村"景观设计,主要是碎片化空间的提升改造以及农业景观的设计。设计过程中应充分考虑"景"和"村"的关系,同时,合理利用碎片化空间,营造较好的民邻交流和休憩空间,在其中植入农业景观,较好地打造景观视感。而景中村的村庄属性,使得应当完善地处理大面积的农田景观,系统化、合理化地营造农业景观。设计的过程中,我更好地学习了点线面的设计手法,同时,了解了如何合理地打造农业景观。

风景园林学
段盛阳

此次联合毕业设计从一开始的一知半解到对其的深入了解,我和我的同伴们一起讨论、一起研究、一起克服困难、一起完成设计。从我的同伴们的身上学到了很多知识,也从其他学校的同学身上学到了新的规划设计手法。感谢老师辛勤的教导和同学的帮助让我在这四个月的时间里过得充实和富有。

西安建筑科技大学 Xi'an University of Architecture and Technology

参与学生：邓艺涵 冯瑞清 陶田洁 吴易凡 耿亦周 张丽媛
指导教师：蔡忠原 段德罡 王 瑾

教师释题

本次课题在"美丽中国"的战略背景下，规划对象为具有"景"与"村"双重属性的"景中村"，其特殊的区位及属性特征决定了其发展与建设的局限性与独特性，如何处理其生态文明建设、社会经济发展与空间环境建设的关系，需要深入研究和实践探索。因此本次规划不只是传统的空间规划，更是融合经济、社会、生态的乡村运营与治理。

对于桥梁社区来说，还不仅是"景中村"，更是"景城之间的村"，即面临着一般城中村被城市剥夺、侵蚀的问题，又面临着景中村的景村融合问题，乡村的产权问题、城市与景区的权责划分问题等变得更为复杂。在乡村的发展中，乡村的主人——村民却往往没有话语权，而我们规划师就是要为弱势的村民而发声。因此无论再复杂的问题，最终都是回归到"人"的身上，解决村民的就业、生活需求，真真正正地为村民的生计而谋略。从谋划到实现之间，我们要为村民做出可行、可操作的规划与实施路径，这可能是一种经济运营机制、一份建设项目库，或是一张简单的门前屋后清理责权表，最终都是要让我们的理念，能够落实到实在的规则制定上，并且再通过专业所长的空间设计去承载我们理想的乡村生活。

乡村规划从不只是环境整治，既要做到高层次的城乡统筹、人文关怀，还要做到最落地的实施管理、建设营造，这是对同学们整体观、系统观和动态观的考察与训练，期待各位同学的精彩作品。

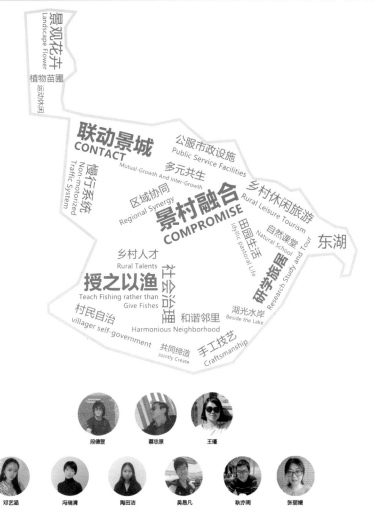

景观花卉
Landscape Flower

植物苗圃

运动休闲

联动景城
CONTACT
Mutual-Growth And Inter-Growth

公服市政设施
Public Service Facilities

多元共生

乡村休闲旅游
Rural Leisure Tourism

慢行系统
Non-motorized
Traffic System

区域协同
Regional Synergy

景村融合
COMPROMISE

自然课堂
Natural School

东湖

田园生活
Idyllic pastoral Life

乡村人才
Rural Talents

社会治理

研学旅居
Research Study and Tour

授之以渔
Teach Fishing rather than
Give Fishes

和谐邻里
Harmonious Neighborhood

湖光水岸
Beside the Lake

村民自治
villager self-government

共同缔造
Jointly Create

手工技艺
Craftsmanship

段德罡　　蔡忠原　　王璇

邓艺涵　　冯瑞清　　陶田洁　　吴易凡　　耿亦周　　张丽嫒

外联内活　育建东头

—————— "美丽中国" 视角下的景中村微改造规划设计 ——————

／ 联动 ／ 育人 ／ 融合 ／

课题背景 / PROJECT BACKROUND

"美丽中国"强调把生态文明建设放在突出地位，融入经济建设、政治建设、文化建设、社会建设各方面和全过程。加快生态文明体制改革，建设美丽中国。习近平说，人与自然是生命共同体，人类必须尊重自然、顺应自然、保护自然。并提出建设美丽中国一是要推进绿色发展，二是要着力解决突出环境问题，三是要加大生态系统保护力度，四是要改革生态环境监管体制。

"景中村"为地处各类风景区范围内的乡村（村庄），具有"景"与"村"的双重属性，既是风景名胜区的重要组成部分，也是乡村的一种特殊存在形式。正是其特殊的区位及属性特征，决定了景中村社会经济发展和空间环境建设的局限性与独特性，这值得我们深入研究和实践探索。本次毕业设计基于"美丽中国"的战略背景，将围绕"景中村"的社会经济发展和物质空间环境微改造展开规划

方案介绍 / PROPOSAL BRIEF INTRODUCTION

本次规划方案从桥梁社区和东头村两个层面出发，注重于"社会、经济、空间"三大要素的规划与协调。在桥梁社区层面，桥梁社区作为景区与城区连接中的重要一环，将以"联"作为核心策略，主要解决桥梁社区在磨山乃至东湖景区的定位以及各要素关系，并在区域协同背景下对四个村组进行定位。在东头村层面，提取"育"为核心策略，一方面对于村民致力于在社会、产业运营、空间建设指导三个方面进行寓教，另一方面对于游客，结合周边特色植物与农田土地资源，主打"研学旅游"的品牌，育客于景。

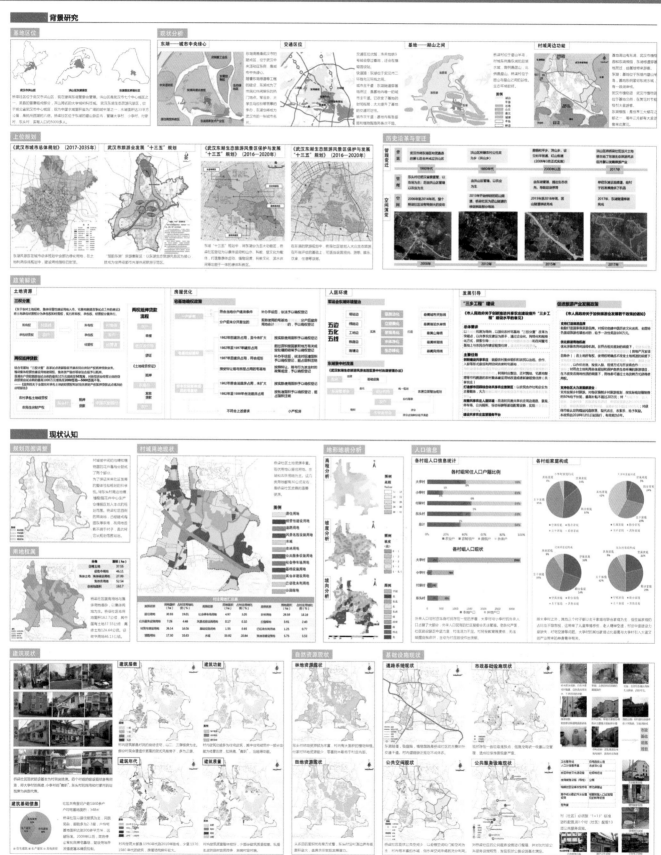

2019
"美丽中国"视野下的景中村微改造
RURAL JOINT GRADUTE DESIGN OF FOUR UNIVERSITIES

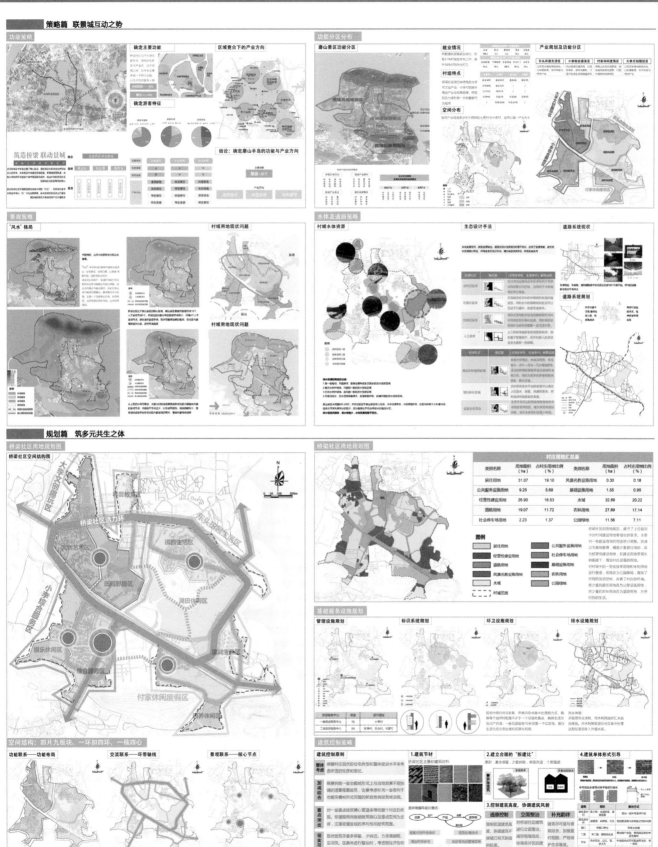

"美丽中国" 视野下的景中村微改造规划设计 2019城乡规划、
建筑学与风景园林专业四校乡村联合毕业设计

2019 "美丽中国" 视野下的景中村微改造
RURAL JOINT GRADUTE DESIGN OF FOUR UNIVERSITIES

外联内活 育建东头 04
东头议题篇·议乡村发展之径

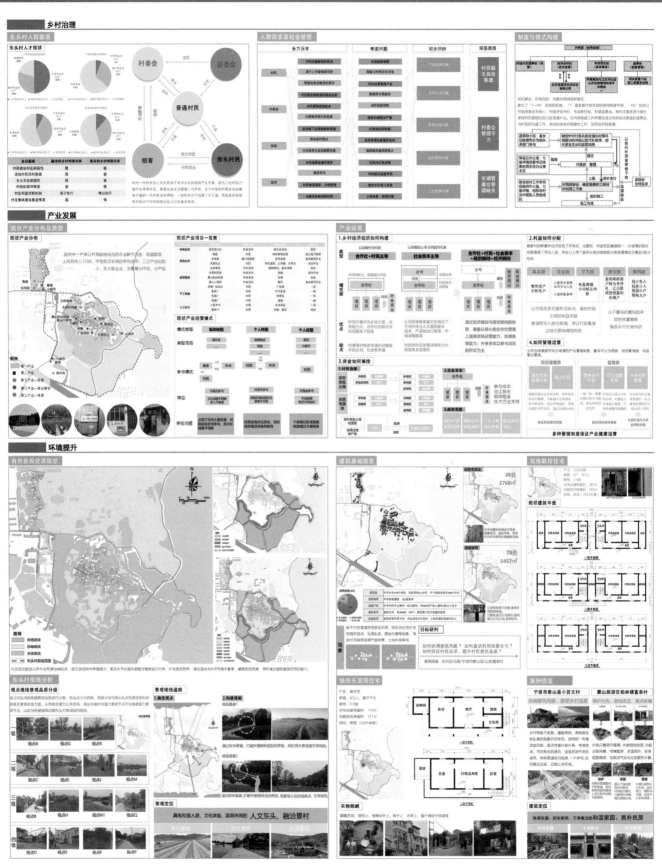

2019
"美丽中国" 视野下的景中村微改造
RURAL JOINT GRADUTE DESIGN OF FOUR UNIVERSITIES

外联内活　育建东头 05
东头策略篇·谋育人寓教之计

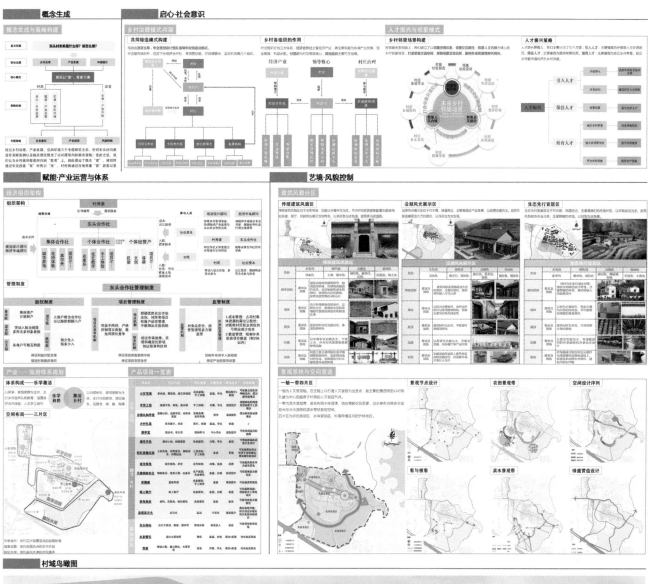

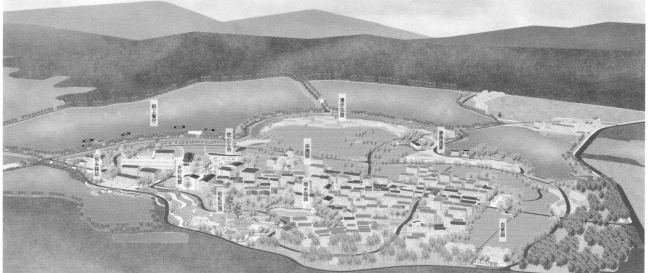

村域鸟瞰图

"美丽中国" 视野下的景中村微改造
RURAL JOINT GRADUTE DESIGN OF FOUR UNIVERSITIES

空间结构

基础设施系统规划

道路系统

游客服务设施系统

标识系统

环卫系统

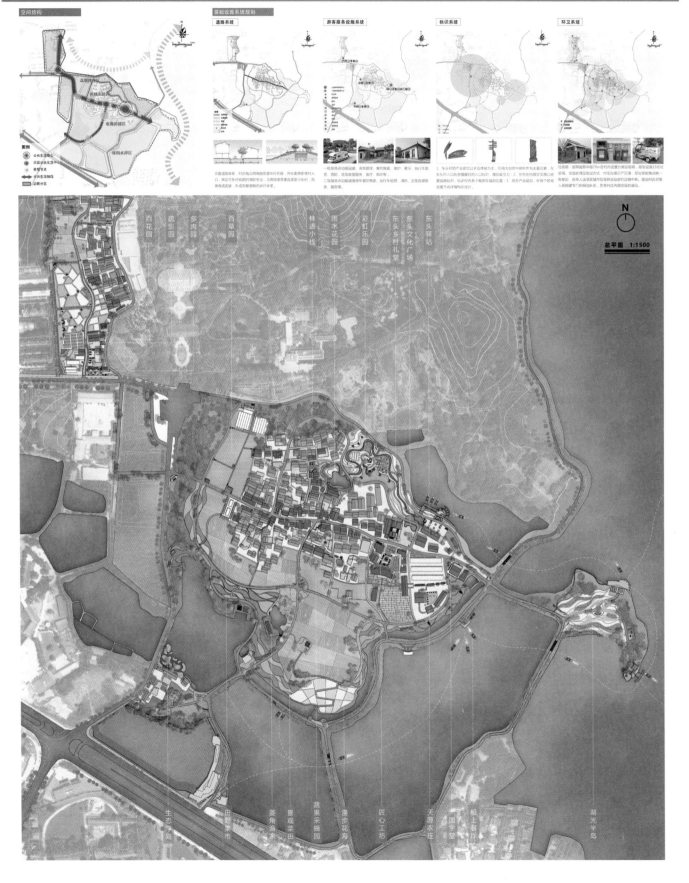

总平面 1:1500

小东村片区设计分析

片区平面图1:500

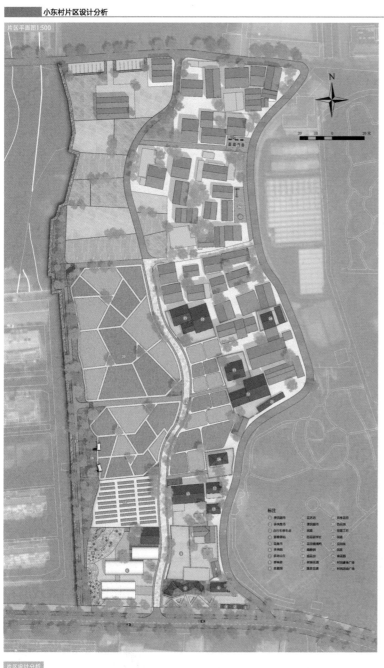

基地概况

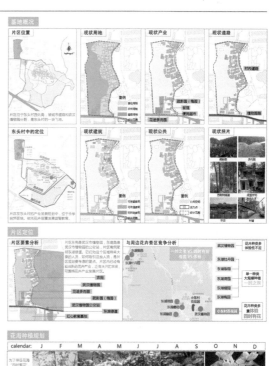

片区定位

花海种植规划

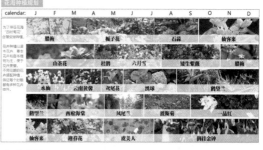

片区业态规划

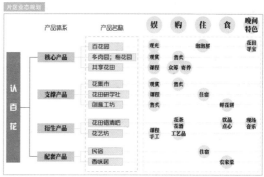

片区设计分析

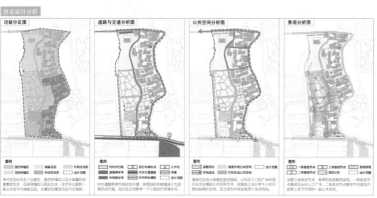

花集市建筑设计

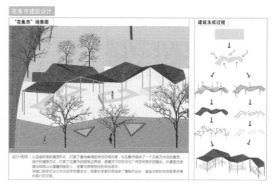

"美丽中国" 视野下的景中村微改造规划设计 2019城乡规划、
建筑学与风景园林专业四校乡村联合毕业设计

2019
"美丽中国" 视野下的 景中村微改造
RURAL JOINT GRADUATE DESIGN OF FOUR UNIVERSITIES

外联内活 育建东头 08
东头设计篇·建景村融合之境

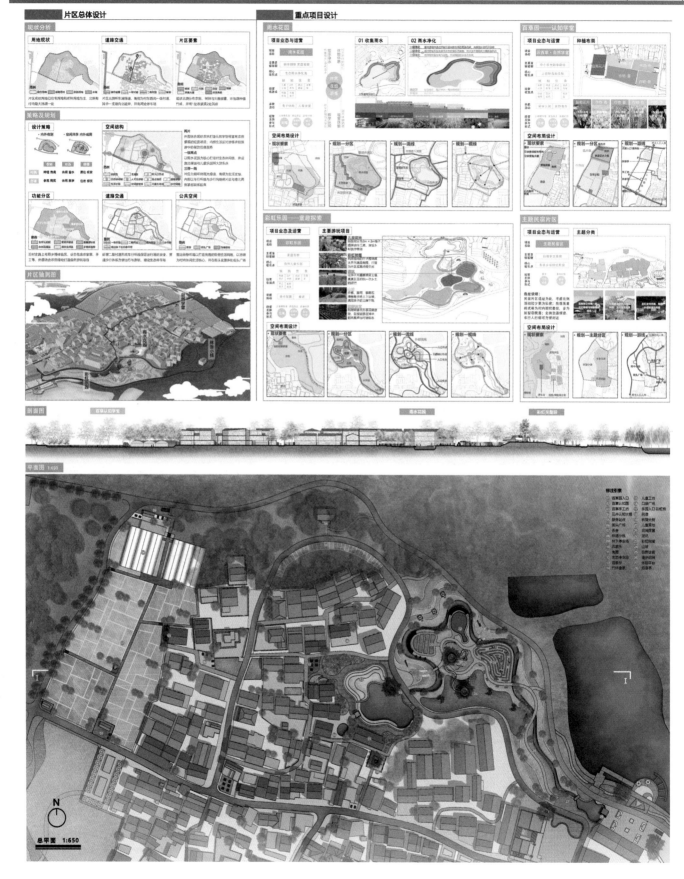

"美丽中国"视野下的 景中村微改造

RURAL JOINT GRADUATE DESIGN OF FOUR UNIVERSITIES

■ 片区设计分析

现状分析

■ 东头驿站

■ 片区总平面

■ 片区鸟瞰图

■ 东头文化广场

■ 湖光半岛

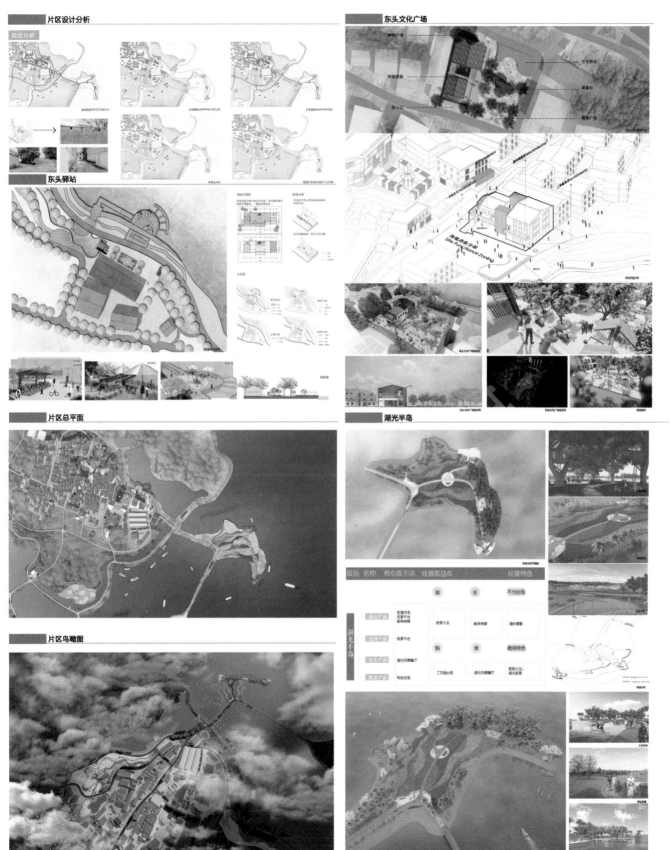

"美丽中国" 视野下的景中村微改造规划设计 2019城乡规划、
建筑学与风景园林专业四校乡村联合毕业设计

2019
"美丽中国" 视野下的景中村微改造
RURAL JOINT GRADUATE DESIGN OF FOUR UNIVERSITIES

外联内活 育建东头 10
东头设计篇·建景村融合之境

片区设计分析

匠心工坊街区详细设计

片区场景图

匠心工坊街区详细设计

设计说明:
　　东头村地处东湖景区内,自然生态和人文基础非常优越。而本片区紧邻东湖绿道,是环东湖沿线的一个重要窗口地带,基于此,打造出游客吸引点与提升村庄整体品质的任务尤为关键。片区现状已有国学堂、和正在落户的漆器、陶艺等小手工产业,结合村庄已有的技术和文化底蕴,依托扎根匠人文化回归,结合特色田园乡村建设的功能预想,利用原有建筑,把空置和老旧建筑进行修缮改造,建立"匠心工坊"街区,将村庄文化产业加强发扬,不仅成为东头匠人精神和技艺传承的地点,也推城市人体验传统匠人文化知技艺的乡村课堂。致力文化回归,诉说东头精神,推动村庄振兴。

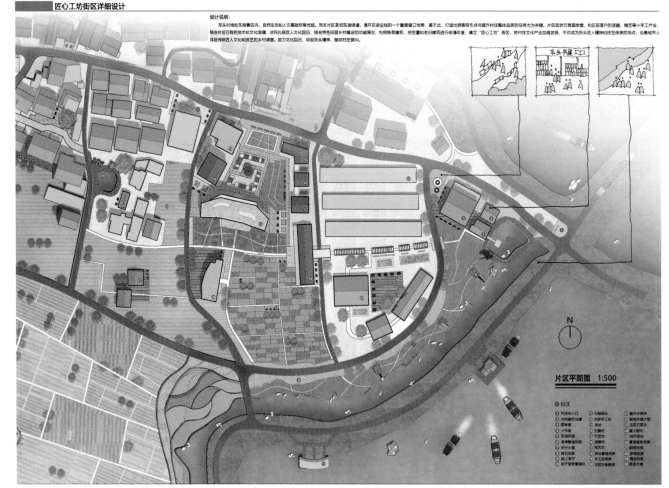

片区平面图 1:500

外联内活 育建东头 11

2019 "美丽中国" 视野下的 **景中村微改造**

RURAL JOINT GRADUATE DESIGN OF FOUR UNIVERSITIES

东头设计篇·**建景村融合之境**

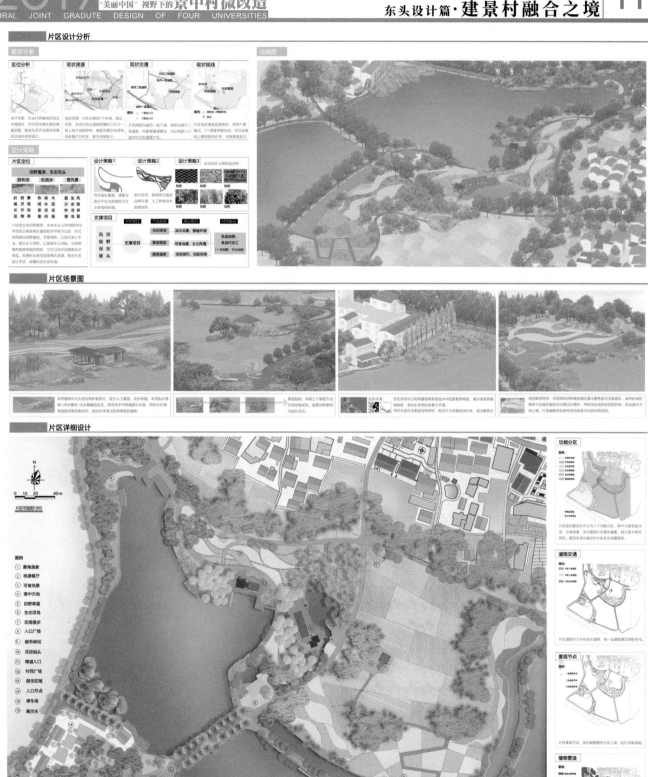

"美丽中国" 视野下的景中村微改造规划设计 2019城乡规划、
建筑学与风景园林专业四校乡村联合毕业设计

"美丽中国" 视野下的 景中村微改造
RURAL JOINT GRADUTE DESIGN OF FOUR UNIVERSITIES

外联内活 育建东头 12
东头设计篇·建景村融合之境

■ 民居改造

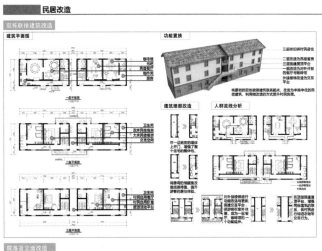

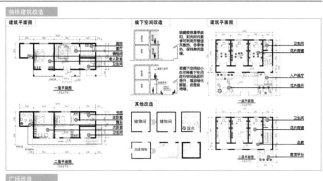

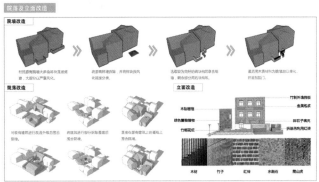

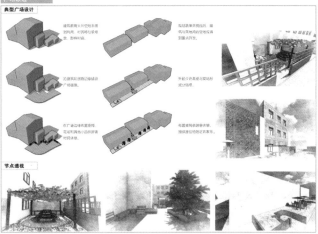

■ 片区总平面

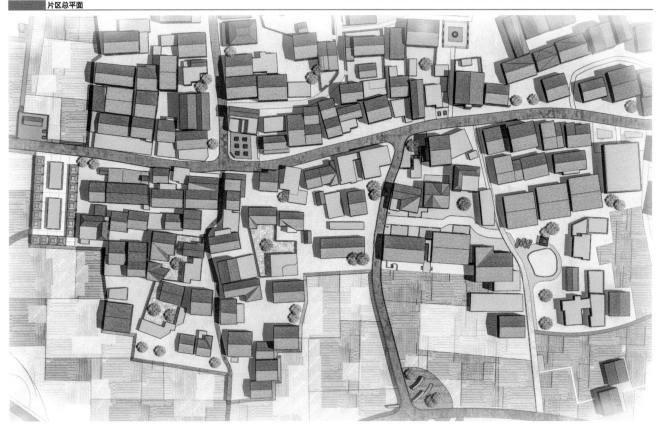

学生感言 STUDENT RECOLLECTION

城乡规划学
邓艺涵

感谢这次乡村毕业设计的学习经历，为自己本科规划专业学习弥补了乡村规划的空白。感谢三位老师这一年来的指导与帮助，不仅教导乡村规划如何去做，更是让我们学着从更高的视野去看待乡村发展的内核与矛盾。经过此次毕业设计，不仅学习到了乡村规划的基本方法与路径，并在看待城乡发展协调问题，乃至个人的专业发展都有了新的思考。未来我也将不断学习提升自我，继续前行！

城乡规划学
冯瑞清

近年来，驻村规划师在乡村这条路上谨慎探索，大有作为，这对只涉足过城市层面的城乡规划学生来说，有着不可抗拒的吸引力，正是怀着这份期待，从冬到夏，从选题到结题，辗转武汉、昆明，从零到一，让我半只脚踏入乡村这个未知的领域，对乡村多了些认识与感情。感谢我的三位指导老师与五位同伴，为本次毕业设计画上圆满句号，祝各位前程似锦，未来可期。

城乡规划学
陶田洁

这次毕业设计让我感受到了乡村规划与城市规划的不同，学会更深入地思考规划在乡村中的作用，也让我学会了如何做乡村规划。感谢学校提供的联合毕业设计平台，让我能与其他学校的学生交流，互相取长补短。感谢三位老师的倾力指导，感谢与我一起完成毕业设计的五位队友，因为有你们和我一起配合，才有了本次完整的成果。

城乡规划学
耿亦周

这次四校联合毕业设计，是我第一次接触有关乡村的设计。我们从对乡村的零了解，一步一步深入了解乡村，住在乡村，体验乡村生活，尽量贴合村民的生活，做好了这次毕业设计。在这次毕业设计过程中，体会到了不同专业学生的思考方式以及工作方法，也从中学到了很多新的知识。各个学校不同专业的老师也给了我们不同的指导，这次毕业设计，为我的大学五年生活画上了完美的句号。

城乡规划学
吴易凡

在中国城市化进程不断推进的过程中，城市可规划的内容也在不断减少，而广大的乡村中还有大量的土地可供我们去开发发掘，这次乡村联合毕业设计给了我们宝贵的经验。在深入乡村内部的过程中，我学会了如何站在村民的视角上去进行规划设计，明白了乡村规划的种种难处。最后，感谢老师们在此次毕业设计中对我的帮助与指导！

风景园林学
张丽媛

作为风景园林专业的学生，一直是从景观角度出发做设计，本次四校联合毕业设计给了我新的方向，在设计中与城市规划的同学一同交流，不同的思想碰撞带给了我很多的灵感。毕业设计是在三位老师的耐心指导下完成的，老师们的认真指导，细心点拨，在遇到问题时给了我极大的帮助。此次毕业设计的结束也意味着我五年的学习生活即将画上一个句号，而于我的人生来说却仅仅只是一个逗号，我将面对新的征程、新的开始。

田栖文旅乡，康养慢东头

青岛理工大学　Qingdao University of Technology

参与学生：袁小靖　姜沣珂　鹿　明
指导教师：田　华　刘一光　王　琳　王润生

教师释题

　　"美丽中国"是中国共产党第十八次全国代表大会提出的概念，强调把生态文明建设放在突出地位，融入经济建设、政治建设、文化建设、社会建设各方面和全过程。党的十九大报告提出实施"乡村振兴"战略，建立健全城乡融合发展体制机制，加快推进农业农村现代化，为村庄发展带来了机遇与挑战。

　　景中村是指"已纳入风景名胜区规划和管理范围之内，土地集体所有，行政上设立村民委员会，主要居民为农业户口，保留村落的风俗风貌的社区聚落"。景中村是风景名胜区的重要组成部分，具有"景"与"村"的双重属性。景中村具有其特殊性及复杂性，包括产权关系构成复杂、"村进景退"、生态环境敏感度高、村民安置困难、社会关系日渐淡化等，在进行规划设计时，要基于问题导向，把握"景"与"村"的双重特质，从生态环境、空间利用、产业发展、社区再造、规划管理等方面提出促进景村和谐共生的发展策略，力图实现景中村在生态、经济、社会、美学等方面的多层次、全方位的平衡。

　　此次规划以武汉市洪山区桥梁社区东头村为研究对象，该村为典型的景观品质高的控制型旅游服务景中村，是由武汉东湖风景名胜区管理委员会托管，与东湖风景名胜区融为一体的自然村庄。其以农业人口为主，土地归集体所有，呈现出由第一产业向第三产业转移，农村生活方式逐步城镇化的特征。"村庄发展如何避免与周边村庄同质化？如何使村庄可持续发展？村、景的发展与矛盾如何协调？"都是亟需思考解决的问题。此次规划致力于为东头寻求一种合适的发展路径，既保护村庄生态环境资源，又能抓住国家风景名胜区建设的重要机遇，以包容的姿态迎接挑战，为未来的发展提供一些思考。

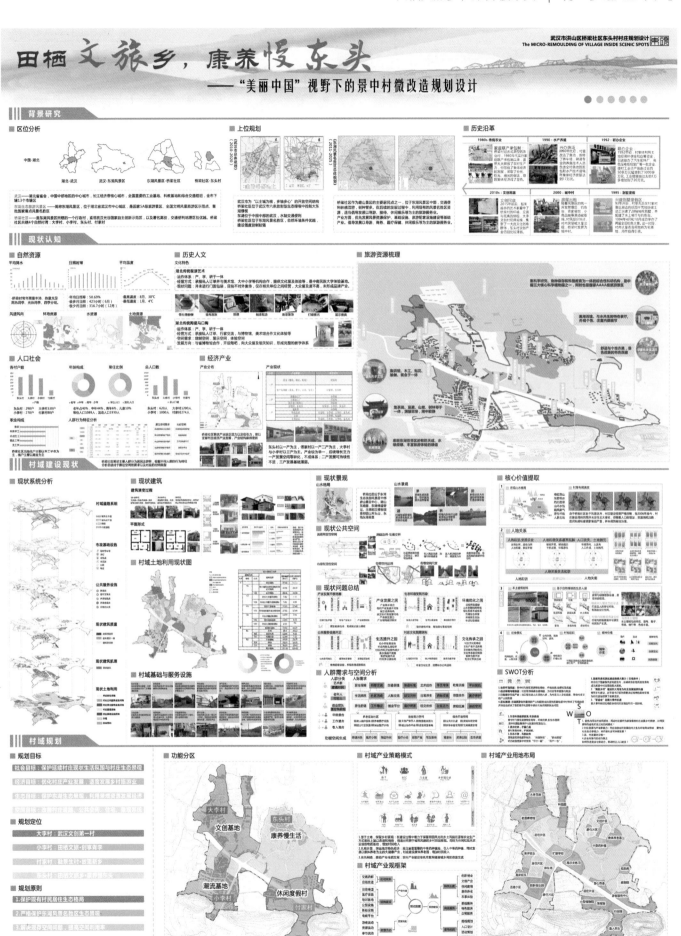

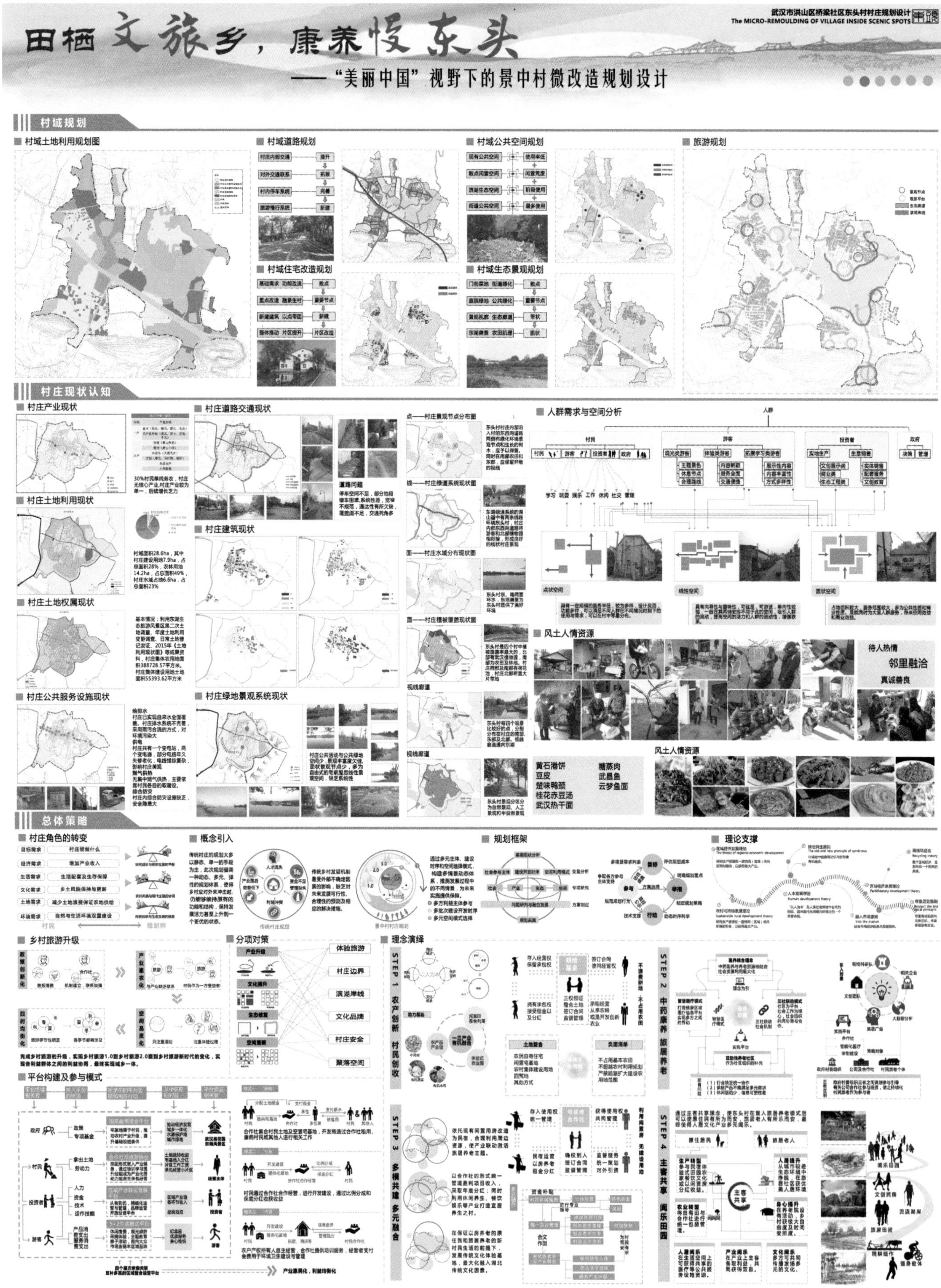

武汉市洪山区桥梁社区东头村村庄规划设计
The MICRO-REMOULDING OF VILLAGE INSIDE SCENIC SPOTS
田栖文旅乡，康养悦东头
——"美丽中国"视野下的景中村微改造规划设计
村域规划
村域土地利用规划图
村域道路规划
村内部交通 提升
对外交通联系 拓展
村内停车系统 完善
旅游慢行系统 新建
村域住宅改造规划
村域公共空间规划
村域生态景观规划
旅游规划
村庄现状认知
村庄产业现状
村庄土地利用现状
村庄土地权属现状
村庄公共服务设施现状
村庄道路交通现状
村庄建筑现状
村庄绿地景观系统现状
人群需求与空间分析
风土人情资源
待人热情
邻里融洽
真诚善良
黄石港饼
豆皮
楚味鸭颈
桂花赤豆汤
武汉热干面
糖蒸肉
武昌鱼
云梦鱼面
总体策略
村庄角色的转变
概念引入
规划框架
理论支撑
乡村旅游升级
分项对策
体验旅游
村庄边界
滨湖岸线
文化品牌
村庄安全
聚落空间
理念演绎
STEP 1 农产创新 村民创收
STEP 2 中药康养 旅居养老
STEP 3 多模共建 多元融合
STEP 4 主客共享 闲乐田园
平台构建及参与模式

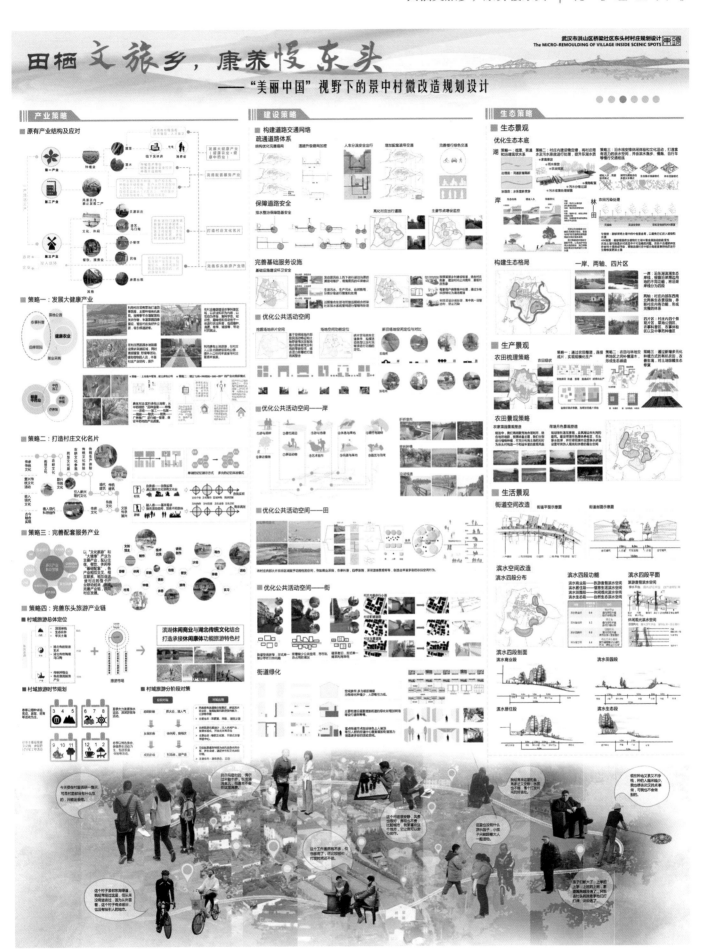

田栖文旅乡，康养慢东头

——"美丽中国"视野下的景中村微改造规划设计

武汉市洪山区桥梁社区东头村村庄规划设计
The MICRO-REMOULDING OF VILLAGE INSIDE SCENIC SPOTS

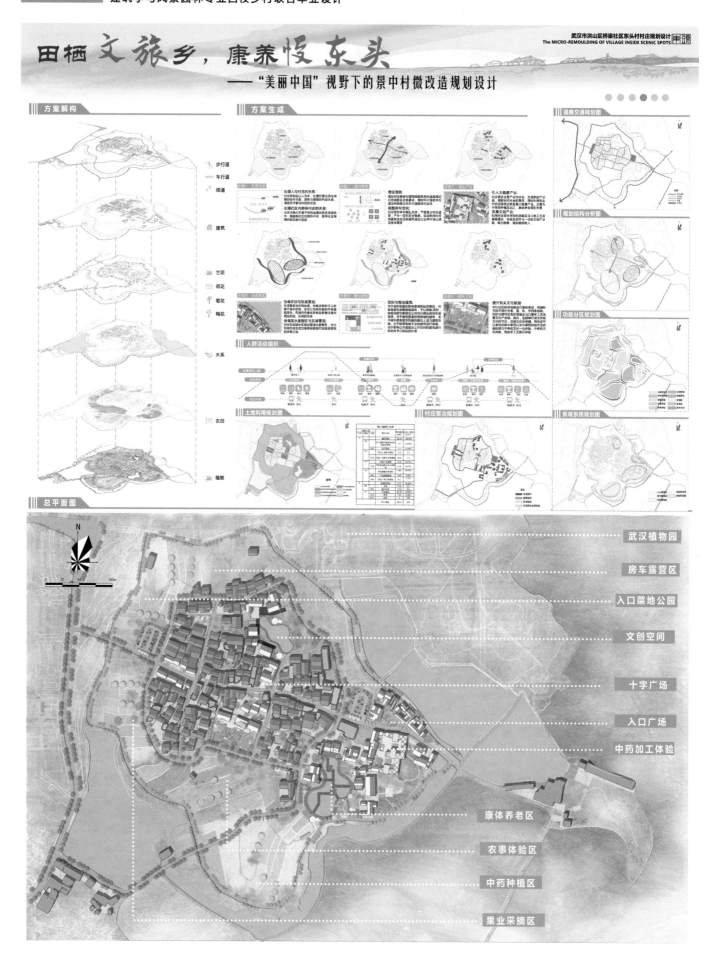

方案解构

方案生成

道路交通规划图

规划结构分析图

功能分区规划图

景观系统规划图

人群活动组织

土地利用规划图

村庄整治规划图

总平面图

- 步行道
- 车行道
- 绿道
- 建筑
- 兰花
- 荷花
- 菊花
- 梅花
- 水系
- 农田
- 植被

武汉植物园

房车露营区

入口菜地公园

文创空间

十字广场

入口广场

中药加工体验

康体养老区

农事体验区

中药种植区

果业采摘区

田栖文旅乡，康养慢东头
——"美丽中国"视野下的景中村微改造规划设计

武汉市洪山区桥梁社区东头村村庄规划设计
The MICRO-REMOULDING OF VILLAGE INSIDE SCENIC SPOTS

基础设施规划

电力设施规划

给水设施规划

排水设施规划

环卫设施规划

公共服务设施规划

鸟瞰图

建设控制导则

公共开放空间控制

建筑围合公共空间　滨水建筑围合公共空间　闲置碎片形成公共空间

农田围合公共空间　树木围合公共空间　地形限定公共空间

街巷空间控制

规整道路线型　增设角部道路　连接尽头道路

区分生活性与旅游性道路　强调主要道路景观性　绿道布置木栈道

景观风貌控制

主要景观廊道的优化　中华药种植区景观提升　结合观景的绿道布置　沿湖节点的适度开发利用　东湖的生态保护

建筑建设控制

公共建筑区　东湖景观区
民居区　局部大规模+小体量　农田种植区　小体量建筑+小型构筑物
以宅基地为准，小体量为主　小型构筑物+木栈道为主

片区设计重点

村口　文创空间　康养空间　滨水休闲空间

微改造

建筑改造

街巷空间改造

公共空间改造

文创艺术中心

入口广厅

旧住宅楼

旧住宅楼

滨水休闲空间

康养休闲空间

田栖文旅乡，康养慢东头
——"美丽中国"视野下的景中村微改造规划设计

武汉市洪山区桥梁社区东头村村庄规划设计
The MICRO-REMOULDING OF VILLAGE INSIDE SCENIC SPOTS

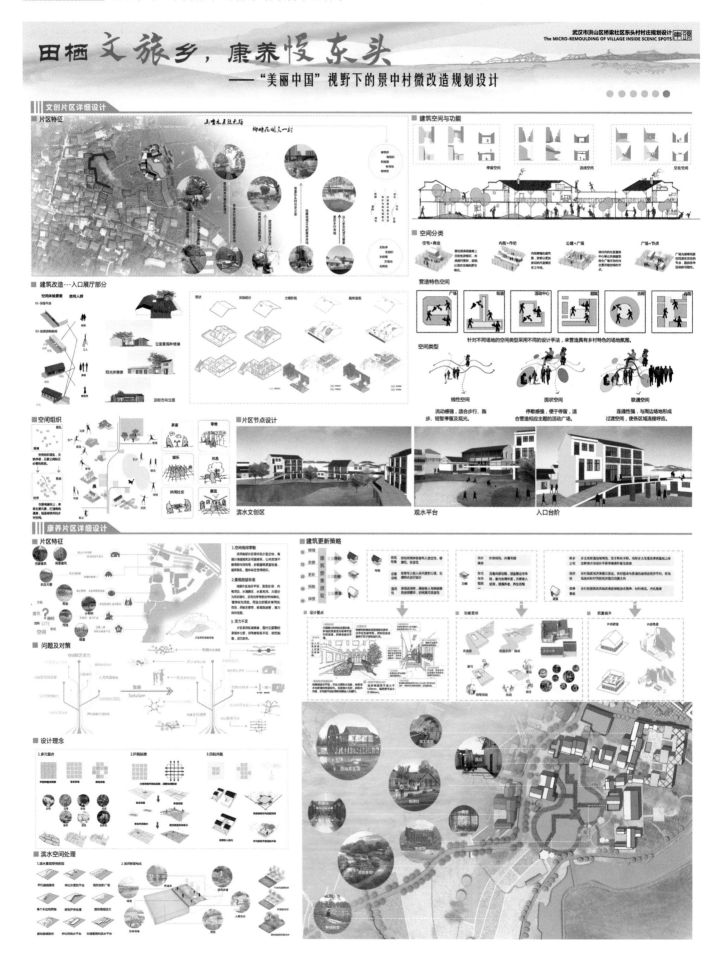

学生感言 STUDENT RECOLLECTION

城乡规划学
袁小靖

此次毕业设计，历时四个月，从刚刚卸寒的齐鲁岛城到阳光熹微的华中江城，也从开始时的规划学子变成了即将踏入社会的准毕业生。很荣幸能参与此次四校联合毕业设计，与其他三个高校的优秀学子及老师进行思想的碰撞，在这个过程中，我收获颇丰：首先，它锻炼了我的团队合作能力，让我学会了如何发挥各自的优势、激发个人的潜力，体会到了一个团队齐心协力为共同的目标拼搏后的成就感；其次，它也让我对大学做过的村庄规划进行了一次复盘与总结，引发了我对村庄规划的深入思考，加深了对村规的认识，将书面知识与实践结合起来，落到实处看问题。虽然这个过程有过痛苦与纠结，但再回首时，更多的是解决困难后的欢愉和向前迈进的喜悦。

感谢各位老师在大学五年中的谆谆教导，也感谢曾经提供过帮助的学长、学姐，以及无数个日日夜夜一起并肩作战的"战友"们，是你们构成了我难以忘记的五年，祝愿大家今后的日子万事胜意。

"路漫漫其修远兮，吾将上下而求索"。这次毕业设计不是终点，而是即将到来的真正投身这个行业的起点，吾将磨砺以须，倍道而进。

城乡规划学
姜沣珂

很荣幸有机会参加这次乡村四校联合毕业设计。历时三个多月的四校联合毕业设计让我感受颇多。入村调研的切身体验让我对乡村有了更加深入的认识，我看到了祖国的山河大海，体验了荆楚文化的特别与迷人。在此期间我有机会认识了很多其他学校的同学，了解到不同的规划教学方法，这次课程的设计给了我们互相学习与交流的机会。四个学校有着不同的学术与教学风格，相互之间的学习与帮助给了我很大的启发，在以后的研究生学习生涯中，我相信本次的乡村规划经历会给我很大的影响。

总的来说四个多月的学习与设计，痛苦有时，快乐有时，感谢一路陪伴我们的老师与同学，是他们给了我们继续前进的勇气与力量，在田老师的指导下，我们第一次以研究性的视角完成了各自专题的设计，虽然一路遇见了不少的困难，老师仍然细心地教导我们并且不断地帮助我们改进方案；也要感谢入村时热情接待我们的村民和村里的老艺术家们，是他们让我们能够更加顺利和彻底地完成调研任务，是他们的热情给了我们持久的动力；最后感谢我的小组成员们，在大学最后的时光里有幸能够相遇并且共同日夜奋斗，为大学的生活画上了最完美的句号。愿未来大家都前程似锦，后会有期。

城乡规划学
鹿明

第一次接触村庄规划是大三的时候，跟着学长、学姐在黄岛做义务编制村庄规划，紧接着又在大四的时候跟着田老师做王哥庄镇的村庄规划课程设计。从描现状、做文本到现在跟着一大群小伙伴一起出方案、改方案，接着熬夜画图，从探索到实践，一路走来，每一次的头脑风暴，理想与现实的种种矛盾，都让我们健康成长。

从一开始穿着羽绒服进村，到艳阳似火的昆明答辩，这期间，我们一块调研、交流，收获了知识和友谊。实地走访村内，看到的问题和景象让我感慨与无奈。我们能为村民真正地做点什么？如何才能将东头村与东湖风景区结合起来呢？类似的问题困扰了我一段时间。从一开始的迷茫，到逐渐站在东头村民的视角考虑问题，整个设计过程，田老师一遍遍地和我们交流，努力解决村主的突出问题。

本次联合毕业设计是我大学期间的最后一次设计作业，回想五年的规划学习，感受颇深。从一开始的物质空间设计到后来的社会问题研究，对规划理解的越多就爱得越深，感到身上的责任也就越大。大学即将结束，而我们作为一名规划师的生涯才刚刚开启，不说再见。愿山高水长，江湖再见！

大事记 Big Events

一、毕业设计启动仪式、学术交流及现场调研

第一阶段工作安排

1. 时间：2019 年 2 月 21 日—2 月 25 日
2. 地点：武汉 华中科技大学
3. 工作内容：毕业设计启动仪式、学术交流及现场调研
4. 工作计划安排：

时间及主题	内容	地点
2019.2.21	教师入住大李村民宿，学生自主选择学校附近宾馆 18：30 晚餐第二天筹备会	百景园餐厅
2019.2.22 上午 8：30—9：30 开题仪式	8：30—9：20 开幕式启动仪式 华中科技大学建规学院 任绍斌副教授 主持并致辞 华中科技大学建规学院领导及规划系领导 致辞 各校教师代表致辞·东湖风景区规划分局领导致辞·桥梁社区领导致辞	华中大建规学院南四楼 100 报告厅
9：20—9：30	集体合影	南四楼门口
9：30—11：00 学术报告	9：30—11：00 乡村专题学术报告（每个 30 分钟） 东湖风景区规划分局及桥梁社区领导介绍规划背景情况 贺雪峰 武汉大学教授 谭刚毅 华中科技大学教授 胡 哲 华中科技大学讲师	南四楼 100 报告厅
11：00—11：30	圆桌研讨交流（全体教师参加）	规划系会议室
11：00—12：00	学生分组，落实毕业设计及调研村庄	专业教师
午饭后，各组师生赴村调研		
2.22 日下午—25 日上午	14：00 分别在小李村、东头村、傅家村集合，各设计组展开调研工作 展开现场调研、资料收集、访谈整理	各村
2019.25 下午 14：00—18：00	2 月 25 日 14：00 各设计组进行调研汇报 以学校为单位在各村分组进行调研成果汇报交流（提倡直接现场徒手图汇报交流） 各校自行安排返校	各村或学院

二、毕业设计中期汇报及补充调研

第二阶段工作安排

1. 时间：2019 年 4 月 17 日—4 月 19 日

2. 地点：武汉 华中科技大学

3. 工作内容：毕业设计中期汇报及补充调研

4. 工作计划安排：

时间及主题	内容	地点
2019.4.17	教师入住华中科技大学 6 号楼，学生自主选择学校附近宾馆 18：30 晚餐 第二天筹备会	百景园餐厅
2.19.4.18 上午 8：00—10：00 学术报告	乡村专题学术报告（每个报告 30 分钟） 西安建筑科技大学教授，副院长 段德罡：《乡村运营—王上实践》 昆明理工大学教授，副院长 杨毅： 《乡村价值及其影响下的两种发展形态——来自两个实践案例的报告》 青岛理工大学教授，规划系主任 刘一光：《美丽乡村规划中的美学问题思考》 博克景观 王伟华（湖北省村镇建设协会理事长，西厢房乡建联合机构董事长）： 《新乡村崛起：四位一体美丽乡村建设的湖北创新实践》 （邀请村委会领导及村组长参加、城乡规划 2016 级乡村规划课程设计组全体同学参加）	华中大建规学院南四楼 100 报告厅
10：00—10：10	集体合影（南四楼门口）	南四楼门口
10：10—12：10	公开汇报（每个小组汇报 30 分钟，交流 10 分钟） 傅家村（青岛理工大学）小李村（昆明理工大学）东头村（华中科技大学）	南四楼 100 报告厅
午饭后，各组师生中期汇报（邀请村组领导或村民代表参加、城乡规划 2016 级乡村规划课程设计组全体同学参加）		
2019.4.18 下午 14：00—17：00	14：00 在建规学院分组汇报，各设计组展开中期汇报（南二楼 301，规划系会议室，南四楼中厅） 中期成果汇报交流、提问与点评	建规学院
2019.4.19 全天	补充调研，各校自行安排返校	各村

2019 年 4 月 18 日于武汉华中科技大学

三、毕业设计答辩及 2020 乡村选址调研

第三阶段工作安排

1. 时间：2019 年 6 月 5 日—6 月 9 日
2. 地点：云南　昆明理工大学
3. 工作内容：毕业设计答辩及 2020 乡村选址调研
4. 工作计划安排：

答辩时间
2019 年 6 月 5 日（11:10—18:00）

答辩分组
第 1 组（17 人）小李村组
地　　点：昆工建筑楼 205
答辩主席：任洁　云南省城乡规划设计研究院总规划师　教授级高工　注册规划师
答辩小组成员：杨毅教授　田华副教授　任绍斌副教授　蔡忠原讲师
学生名单：西安建筑科技大学　王成伟　许惠坤　申有帅　雷　硕　董方园　陈奥悦
　　　　　华中科技大学　　　李莹然　刘　强　舒端妮　唐子涵　何书慧
　　　　　青岛理工大学　　　李　豪　牛　琳　秦婧雯
　　　　　昆明理工大学　　　朱鸣洲　刘诗慧　崔彦帅　王亦尧

第 2 组（19 人）东头村组
地　　点：昆工建筑楼 407
答辩主席：周绍文　昆明理工大学设计研究院规划分院副院长　高级工程师　注册规划师
答辩小组成员：洪亮平教授　刘一光副教授　王瑾讲师　李昱午讲师
学生名单：青岛理工大学　　　鹿　明　袁小靖　姜沣珂
　　　　　昆明理工大学　　　席翰媛　白　丹　李　坤　孟　文　段盛阳
　　　　　西安建筑科技大学　邓艺涵　陶田洁　冯瑞清　耿亦周　吴易凡　张丽媛
　　　　　华中科技大学　　　谢智敏　金桐羽　朱晓宇　刘炎铷　周子航

第 3 组（19 人）傅家村组
地　　点：昆工建筑楼 507
答辩主席：姚欣　广州市科城规划勘测技术有限公司昆明分公司副总经理　高级工程师　注册规划师
答辩小组成员：段德罡教授　王润生教授　王智勇副教授　赵蕾讲师　王琳讲师
学生名单：华中科技大学　　　陈浩然　王抚景　郭俊捷
　　　　　青岛理工大学　　　冯佳璐　陈建颖　苏　静　施瑶露
　　　　　西安建筑科技大学　陈柯昕　陈　元　王羽敬　吴　倩　张亚宁　李晓舟　王熙格
　　　　　昆明理工大学　　　高　杨　王煜坤　潘启孟　李正达　宋光寿

师生合影

毕业答辩

教师调研

总结 Summary

洪亮平
华中科技大学
教授　博士生导师

城乡规划学到底能为乡村发展做些什么，五年来我们四校乡村联盟结合地缘优势，展开了不同地域、不同发展类型下的乡村实践与探索。本次毕业设计聚焦武汉东湖"景中村"，虽然将乡村毕业设计实践重新拉回城市空间的视野，但其初衷未曾改变。我们仍重点关注城乡规划学科在多样化的乡村社区形态中，如何构建自身的治理话语，实实在在地参与到乡村社区建设中，发挥多方对接平台与空间组织意义。

"景中村"是一种存在于城市及城郊范围的社区组织形态。通过对"景中村"这样一种特殊的制度形态的认识，并试图在现实制度环境下，找得一个发展的突破口，是对影响乡村发展的制度因素、管理、政策、现实条件和社会状况的综合思考。这样一种设计立意，让参与乡村毕业设计的同学们能够对乡村认识从"理想蓝图"转向"现实世界"，选题对象的特殊性能让同学们重新认识城市和乡村的本质区别与联系。

我国大多数风景区在建立之前就已经有村民居住，风景名胜区在建立之后便形成了景区与村庄并存的局面。受到城乡二元土地制度影响，在风景区内推进乡村建设存在村庄发展与景区生态保护与功能协调的问题。"'美丽中国'视野下景中村的微改造规划设计"试图通过"微改造"话语构建起"美丽中国"顶层设计、"景中村"治理及村民实际发展需求之间的对话平台。通过本次毕业设计：①帮助毕业设计学生重新认识村庄发展与风景资源保护之间的关系，把握农民利益需求与风景区资源利用之间的关系；②"微改造"实质是构建了一种"合规化"的村庄自我改造环境，将相关政策机制从"制度约束"转化为"机制保障"。对于村庄共同体而言，能将景中村村民利益与风景区发展综合效益捆绑在一起，实现共建共享。③通过"微改造"介入，增加了景中村的自然生长弹性，规避了村民集体经济理性下的违规滥建行为，让景区管理部门与村民个体理性行为之间有了共同的话语平台。

全国四校乡村联盟走过五年，我们走过东西南北，历经春夏秋冬，也经历乡村、农村、城村的不同形态。不难发现，四校乡村联盟最大的魅力在于"多样性"，多样性的空间认知、多样性的价值导向、多样性的制度创新、多样性的底层实践，共同构成了我国乡村的价值基础和可持续发展动力。因为拥有这样一个活力团体，当我们站在新一轮四校联合设计的起点，我们对未来是可期的，我们对于城乡规划学科面向乡村振兴的历史责任和担当充满着信心。

总结 Summary

段德罡
西安建筑科技大学
副院长　教授　博士生导师

乡村毕业设计联盟走完了五年的征程，按照国人的习惯，似乎该总结点什么。然而，却又似乎总结不了什么。

我们抱着审慎的态度开始了乡村的征程，"走进乡村，向乡村学习"。其实，几天的调研，谈不上"走进"，正月十五以后的梁子湖畔，举目多是荒芜的农田，凋敝的村湾让我们意识到乡村的问题已经很严重，挂了锁的民宅，很大程度上阻止了我们"学习"的步伐。

大概是朱良文先生的影响力太大，2016 年我们在洱海之滨探索"乡村活化"。其实，我一直觉得云南的村庄活得很好，村里还有烟火气，传统的生产生活方式还在发挥着主导作用，因此，需要"活化"的只是一些闲置空间，而并非是村庄本身，我反而担心今天过于"活"的思维会带来村民价值观的异化，使原本的乡村人居典范不复存在。

2017 年杨陵的经历并不美好。本希望村民和我们一起来决定乡村的未来，所以让师生吃住在村里，中期答辩也安排在村里，以实现真正的"村民参与"。然而，结果却是师生吃尽了苦头，老百姓的参与热情、参与诉求、参与能力与预期的相去甚远。时至今日，我还在杨陵做着各种尝试，却难以改变村民"等靠要"的思想状态。

王哥庄的大馒头和崂山美景令人难以忘怀。"村庄安全"是个能令人激发强烈责任感的题目，从物质层面到精神层面、从个人层面到国家层面……其实，"安全"涵盖了一切的需求。要把一切都做好，很难，但作为一种警醒、一个视角，它提醒我们每一个人：村庄看似简单，但我们没有能力解决好所有的问题。

再次来到武汉，乡村毕业设计开始了新的轮回，也是十九大提出乡村振兴战略后四校乡村联盟的第一次命题。"景中村"一词完美诠释了城乡融合的理念，桥梁社区既是城市的一部分，也是景区的一部分，更是世世代代生活在此的老百姓的家园。从不同的站点，可以为桥梁社区的未来找到不同的答案，乡村本身在不断的发展变化中，我们不可以高高在上地将其圈定在城市的对立面。

年复一年，总要留下诸多遗憾，能慰藉自己的，是我们又把一帮几乎不了解乡村的小孩"哄"着完成了一个乡村规划设计，估摸着能有几个未来会成为服务于乡村的人才。对于乡村规划我们算是起步早的，虽然做得不够完美，但也有少许的"骄傲"，更重要的是，我们会坚持下去。

　　期待明年的云南之行，真心希望能选址于腾冲，让我们这些疲惫于城市里纷繁琐事的专业人，能创造出腾冲式的简单的幸福。

总结 Summary

王润生
青岛理工大学
教授

广袤的乡村地区，在历史长河中孕育了传承至今的伟大中华文明，并为中国快速的城镇化、工业化进程提供了稳固的基础。然而，在现代化转型中，乡村地区经历着城乡社会变迁带来的阵痛。改革开放以后农村的活力获得了巨大释放，但是工业化和城市化导致资金、土地、劳动力三大要素从农村净流出，农村公共产品长期供给不足，社会文化发展滞后，更谈不上有效管理原本由负外部性转嫁而来的公共议题。乡村正在成为大量制造安全风险并将风险不断外溢、从而成为对国家综合安全产生严重负外部性的区域，并面临着生态环境修复、历史文化传承、乡村社会发展、消除人口贫困等任务。促进城乡共同繁荣，实现城乡统筹发展，成为中国走向现代化的时代使命。

到今年，乡村四校联合毕业设计联盟已经开始进入第二轮循环，在过去的四年里，我们从武陵山区走到苍山洱海，从关中地区走到黄海之滨，每一年，我们都在村庄规划研究与教学实践中反思和探讨乡村规划的价值取向。岁月轮转，今年我们再次来到我们乡村联合毕业设计的起点：华中科技大学。2019年全国乡村四校联合毕业设计主题为"'美丽中国'视野下的景中村微改造规划设计"，从蕴含"景"与"村"双重属性的景中村视角出发，探讨生态环境约束下村庄发展所面临的问题与挑战，给老师和同学们带来全新的角度与研究对象。作为景中村，它们有丰富的自然景观资源，但同时，景区的生态环境敏感度高，对于村庄的规划建设也起到一定的限制作用。因此，景中村拥有发展机遇的同时，也面临着巨大的挑战。对于学生来说，这是走进社会之前的一次"实战演练"，比一张规划蓝图所呈现更深远的意义是让学生能在规划设计过程中，树立团队意识，树立大爱情怀，为走进社会、服务社会打下坚实基础。自选题定好后，师生与村民间通过不断沟通交流，对毕业设计的目标进行了修改和完善，得到了村委和村民的肯定。采用的"通识教育"与"专业知识讲座相结合"，"集中式"设计内容授课与"定期性"教师团队例会相结合，专业"独立指导"与"多阶段协同指导"相结合等几种多元化教学模式，加强了师生间交流和协作，保证了毕业设计质量。

每一次的乡村联合毕业设计都寄托着无数规划、建筑、风景园林师生的浓浓乡愁，也带给我们继续丈量乡村山山水水的不竭动力。乡建的道路上，牢记教书育人的责任与担当，牢记规划师与建筑师、风景园林师的情怀与使命，牢记村民的期盼与信任，我们与无数热血学子一齐在路上。

期待与各位同仁明年昆明理工大学的再次相遇。

总结 Summary

杨 毅
昆明理工大学
副院长　教授

掩卷沉思，当每年完成教学活动，总有许多感慨涌上心头。而今年尤其有一个字——"情"，会与别的字眼组合而成若干关键词。

相当偶然，之所以下决心重新写一遍毕业设计总结是因为就在今天，一个"2万一晚的民宿，贫穷限制了我的想象"的乡村建设案例刷屏，一片艳羡之声有如汪洋大海。诚然尊重乡村的历史与自然的规划设计有其正面的积极作用，旧乡村建筑的改造利用及艺术的设计建造有其"设计感"，但是面对乡村完全见不到村民的这种结果，无论如何与真正意义的乡村究竟还有多少关系？这种把最珍贵的风土代之以洋味，还进行错误的价值导向，痴迷在虚假的身份认同里，并且还要求别人一起为这样的骗局买单，完全落入了当今时代无孔不入的"绅士化"，还真不是事情。

时至今日，我们耳边充斥的依然是打着"除了喜欢与年轻人交流，我还想和大自然交流"的旗号和"经过两三年的精心打磨，山上的一些老房子已经'旧貌换新颜'"的迷幻。固然，自然风景与历史景观相互交融，颇有韵味，也许是都市人魂牵梦萦的心灵原乡，但是这样的占据毫无来由。这里古木参天，溪水潺潺，泥墙黛瓦，青苔斑驳，一切还是记忆中外婆家的模样。一个抽象的外婆仿佛幽灵一般，把那位具体的有血有肉的外婆化为无形，相当矫情。

尽管也许，"这个半山腰上的小村子，偏远、贫穷、山路蜿蜒难行。山上那几百间黄泥破房，早已人去楼空，留下一片萧条景象"是我们不能不面对的乡村现实，但是我们如果把风土全部抛弃，有关乡村风土的生命仪式、生活仪轨、习俗文化以及承载这一切的场所统统洗劫一空，代之以实用且化为一件投资与收益的资本操作，离本源和初心则越来越远。如果租下了整个破败的村子，用现代人的审美和眼光，"将古老的乡村符号保留下来，打造出一个适合现代人居住真正的避世桃源"就是最美的"中国村"的话，那么这个"村"已经完全不是那个"村"了。

举着各种幌子怀着不同利益目的对乡村的消费愈演愈烈，亦为不得不面对的实情。

当然如果，赋予老宅新的功能和生命，原先的大厅堂变成了书屋，猪圈改成了更衣室，甚至连粪坑也本着不浪费空间的原则，华丽变身成为理发屋。此外，玻璃咖啡馆、露天泳池、树上 SPA、挑空的健身房……变成越来越有生活气息的高端精品民宅，保证了居住的高舒适性，那么民宿的民是谁？又在哪？不与风土住在一起，舒适性真的是不好确定，需要呼唤的是真正的民情。

但是好在，我们一村又一村的乡村联盟研究和教学，已经在青年学子们心中种下了关于乡村"情怀"的种子。当然这是一个被滥用的字眼，有如上面的描述，似乎也可以被冠之以"情怀"。情怀亦有高下，心境表达情感。情怀即"怀情"，怀有乡村之情的根本是怀有"乡亲"之情，也才可以切身之感为"乡亲之胸怀"，而且是不以乡亲个体的差异为转移的一种固守，无关乎风情。

情景交融，是因为今年题目是景中村，所以会是一种移情于景的感受。在武汉这个繁华的大都市里，居然还留存有非常自然湖光山色的东湖，而其中掩映着星星点点的乡村，似乎被冻结了的村民生活却是需要发展的，所以必须有这样的一个情，如何和老百姓一起，同呼吸共命运，想他们之所想，急他们之所急，用一点一滴非常细致的"微创手术"方式去做一些改变，是充满人情味的乡村规划与设计。我们乡村联盟的不断回访会对东湖的乡村带来积极的作用，用心陪伴，永久相依，是可以告白的长情。

走过岁月，一个轮回的相互陪伴也使"又一村"的这些人之间结下了不可或缺的情谊，同时这些人和乡村之间也有千丝万缕的说不清道不明的关系，化成了一种情缘。从今年开始有了奖金的设立，而廖丹也是出于一种情，是关于学生的情、校友的情，也是乡村的情。这就是相亲，乡亲们！

后记 Postscript

任绍斌
华中科技大学
建筑与城市规划学院
城市规划系副系主任　副教授

　　每年一届的全国四校乡村联合毕业设计都有不同，不同的基地，不同的选题，不同的学生，也会带来不一样的设计、不一样的体会和感受。

　　今年的毕业设计选题聚焦于"'美丽中国'视角下的景中村微改造规划设计"，具有一定的难度和挑战性，要求规划设计既要视野开阔、立足高远，也需要触角细腻、深入细微。而四个学校最终呈现出的毕业设计成果远远超出了我的预期，无论是观察对象的视角、思考问题的深度，还是设计方案的创意以及设计成果的表达，都能看出学生们的努力与成效、老师们的热情与投入。

　　以下仅对桥梁社区东头村毕业设计组的四个方案作简短总结：

　　（1）视角多元：有的以"城"为出发点，探讨乡村城镇化、现代化的路径；有的以"景"为出发点，探讨景与村的融合发展及景中村的规划管控问题；还有的从"村"的立场，探究村湾内生发展动力及其原生形态的保护和延续。

　　（2）思考深入：同学们就"景中村"的特征及存在的问题进行了深入的思考，涉及"城—景—村"关系、产业发展、居民收入、社会交往、族群关系、家庭结构、生态保育等多个方面，并提出了诸多有价值的观点和见解。

　　（3）方案有创意：四校方案既体现出四校的教育特色和风格，也从不同侧面展现出联盟的一贯追求——创意。同学们在村湾发展模式、产业策划、功能布局、空间组织、环境设计等方面提供了许多富于创意的方案，如："以静制动"的发展模式、"以药为养"的产业体系、"以街串巷、以点带面"的空间组织形式、"以田营景"的环境设计，等等。

　　（4）表达有特色：在文本组织、图纸表现、成果展示和答辩表述等方面，四个小组也各具特色，有富于浪漫的浓墨重彩，也有宁静闲适的清新淡雅；有契合村民认知的轻松活泼，也有符合专业语言的严谨规范。

然而，细察每组方案仍有诸多不足之处，如：视角高远而落地不稳、目标多元而重点不突出、创意满满而无法落地、表达新颖而规范不足，等等。

　　只言片语并不能展现本次乡村联合毕业设计的全部，受篇幅所限，尚有一些闪光之处未尽详述，更有诸多的问题与不足未有表述，留待"乡村联盟"此后再深入思考及总结。

任绍斌

2019 年 6 月 25 日于武汉